ベッカライ・
ビオブロート
のパン

BÄCKEREI
BIOBROT

松崎 太

MATSUZAKI
FUTOSHI

柴田書店

朝6時、ベッカライ・ビオブロートの工房。

小麦全粒粉100%のフォルコンブロート。"店の核"とも言えるパン。

フォルコンブロートの生地にナッツやレーズンを混ぜたパン４種。

もそのタイミングも異なる。

丸め終えた全粒粉の生地。フォルコンブロート（右）とナッツやレーズンを混ぜた生地では、締まり方が違うので、丸め方

フォルコンブロートはナマコ形に成形。キャンバス地に並べて二次発酵へ。

石窯で焼く。温度や焼成時間で、パンの味は確実に変わる。

全粒粉は工房にある石臼で製粉している。

前書き

僕は「ベッカライ・ビオブロートBÄCKEREI BIOBROT」という名の小さなパン屋を営んでいる。店名はドイツ語だ。覚えにくいと言われることもあるが、英語に置き換えると意外にわかりやすい。ベッカライというのは英語で「ベーカリー」のこと。ビオは「バイオ」、ブロートは「ブレッド」のことだ。ビオには「自然農法の」という意味があり、欧米ではオーガニックを指す言葉でもある。

その名のとおり、オーガニックの原材料を使用してパンを焼いている。パンの種類はあまり多くない。いや、むしろ少ない。全部で13種類だ。同じ生地でサイズが違うだけのパンも数えれば合計18種類にはなる。あんパンやカレーパン、惣菜パンといったいわゆる日本的なパンは置いていていない。

棚に並んでいるのは、ほとんどが全粒粉１００％のパンだ。毎日、必要なぶんだけ小麦を石臼で挽いて、つねにフレッシュな粉でパンを焼いている。茶色いパンばかりなので、一般に思い描く華やかなパン屋のイメージとはほど遠いかもしれない。

そんなパン屋だが、毎日多くの人が、店に足を運び、パンを買ってくれる。

本当にありがたいことだと思っている。

店をオープンするまでは、僕も妻も今のようにたくさんパンを焼くことは想像できなかった。

たぶん、糖尿病やアレルギーなど身体に問題を抱えている人や、マクロビオティックなどオーガニック的な食生活をしているような一部の人たちが来てくれるのではと考えていた。ところが店を開けてみれば、そういった人たちはもちろん、そうでない人たちも普通にパンを買いに来てくれた。

この本では、どのようにしてベッカライ・ビオブロートのパンができたのか、その背景と、原材料、製法についての僕なりの考えを述べたい。

僕は他のお店のパンのレシピや作り方にはあまり興味がない。それらは自分で探し求め、試行錯誤のなかででき上がってゆくものだから。

でも、その商品を作り出した背後にあるものには強く惹かれる。数多くある食材や製法から、なぜその原材料、その製法を選んだのか。そこには少なからずその人の思想といったものが反映されているからだ。

ベッカライ・ビオブロートを一例として、原材料のことから製法、窯のことまで、大切だと思うことを選んで書き記した。直接パン作りに関係ないことでも、僕にとって大きな意味を持つ出来事には頁を割くことにした。パン作りの経験だけでは、僕は店を持つことができなかっただろうから。

それから製パンを志したきっかけも書いた。修業の過程で身につけていった技術や知識と同じくらい、目に見えない志といったものが大切だと思うし、自分がそうだったように、職業選択で悩んでいる人たちへの参考になるかもしれないと思ったから。

これからパン職人を目指す人たちに少しでも役に立てば嬉しい。

目次

第2章　ベッカライ・ビオブロートのパン

装丁　寄藤文平＋鈴木千佳子（文平銀座）
撮影　合田昌弘
編集　村山知子
　　　鍋倉由記子

第1章

修業時代

きっかけ

パン職人を志す

話はかなりさかのぼる。

僕は1995年に関西の大学を卒業後、資格取得のための講座や、参考書を出版している会社に就職した。それなりに考えた末に決めた進路だった。

大学2回生のころから将来の職業について考え始めた。しかし、これといったやりたいことがわからずに、時間ばかりが過ぎていった。3回生も終わりになるころ、このままやりたいことがわからないなら、資格でも取得しておけば、社会に出てから有利になるだろうと考えた。

とりあえず何か勉強を始めようと、まずは資料を集めた。いろいろな資料を読んでいると、各種資格取得のための講座を主宰しているある会社が、新卒の社員を募集していた。

社員はそれらの講座を無料で受講できる特典があるという。

働きながら勉強できる。

僕は迷わずこの会社の筆記と面接試験を受けて、運よく採用された。

社員は、誰もが簿記を2級まで取得しなければならない。在学中にまず3級を、入社後すぐに2級を取得した。

その後僕は、司法書士を目指すことにした。

休日に司法書士の講座を受講して、普段の日も仕事を終えてから法律の勉強を始めた。

しかし、日々の業務をこなし、勉強をしているうちに、これでいいのだろうかという疑問が湧いてきた。

大学生のときも真剣に将来の職業について考えたが、今思えば、ただ机の上で頭のみで考えていたに過ぎなかった。それが社会に出て、現実に働くことによって、何がしたいか、何をしたくないのかがはっきりとしてきた。

将来のためにと司法書士の勉強をしていたが、自分は本当に司法書士になりたいのか？

答えはNOだった。

本来ならば真っ先に考えるべきことを、僕は考えていなかった。

これからずっと会社員として働くよりは、将来、司法書士という国家資格を持っていたら何かと有利だから、という理由で選んでいただけだった。今後の人生の大半は仕事をして生きていくのに、それが楽しくなかったら、本当にやりたいものでなかったら、人生そのものがつまらなくなることが、働いてみてやっとわかった。

自分はいったい何をしたいのだろう？

学生時代に職業を決めきれなかった理由に、「仕事はリクルートなどから送られてくる会社案内の中から選ぶもの」といった、刷り込みがされていたことと、いろいろ考えたと言っても、結局は世間体のよい仕事を求めていたこと、そして社会に役に立たねばならないといった気負いがあったことが挙げられる。

もちろん、それも職業を選ぶ立派な理由になるだろうが、では当時の自分が本気でそう思い、行動していたかといえば、そうではなかった。具体的にどうやって身を立てていくのかまで、真剣に考えていなかった。

自分の身の立て方すらわかっていない人間に、社会貢献なんてできるだろうか？

そのころに読んだ、夏目漱石の『私の個人主義』という本にこんなことが書いてあった。

――朝から晩まで、国家のことを考えていなくても、たとえば豆腐屋は一生懸命豆腐を売っていれば、それは、結局は国のためにもなる――と。

自分も大きなことは考えられなくとも、まずは、本当にやりたい仕事を見つけて、それに邁進していれば、ささやかであっても社会貢献になるだろう。

僕は本気でやりたい仕事について、考え始めた。

＊

いきなり職業を一つに絞れなかったので、だいたいの方向性を考えてみた。同時に、普段からどのような事柄に関心があったか、幼いころから何を好ましく思ってきたかを、振り返ってみた。

はっきりしてきたことは、何か一つの分野を深く掘り下げる仕事がしたいということ。昔からあれもこれもするのは苦手だった。それよりも、持てる力を一つに集中したいという思いが強かった。

そういえば高校生のころ、受験に必要だからと英語だけを勉強したことがある。当時の僕の成績は学年約５７０人中、ほとんどの科目が２００〜４００番台だった。しかし、他は捨てて英語のみに集中した結果、英語だけは２番になった。体育でも他は人並みだったが持久走だけは、ずっと学校で１番だった。

仕事に関しても、幅広いことをこなすゼネラリストではなく、何かのスペシャリストになりたい。

では、何の分野でスペシャリストになりたいのか。

ＩＴ産業のような最先端のものには、そもそも興味がなかった。僕は子供のころからアナログ的なものの方が好きだったから。それはたぶん、実感として、原理や成り立ちがわかりやすいからだと思う。パソコンを見ても、箱の中でいったい何が行われているかはわからないし、分解したところでやっぱりわからないだろう。

　でも、アナログ的なもの、たとえばパン作りはそういったブラックボックス的なところがない。身体的な実感として理解できる。

　それと、子供のころから新しいものよりは古いものに興味を惹かれた。職業も、最先端をいくようなものではなく、長い歴史を経て、今なお残っているようなものにしたいと思った。

　他にもたった1年だが、会社で働いて思ったことがある。

　それは、経験を蓄積できる仕事をしたい、ということだ。

　たとえば事務処理の仕事は、確かに1年目よりは2年目の方が、より効率的にこなせるようになるだろうが、慣れてしまえばそれを5年しようが10年しようが変わらないだろうと思われた。それよりも意欲次第で年齢を重ねても上達できる仕事をしたいと思った。

　そしてもう一つ、僕にとっては身体を使って仕事をするということが大切だと気づいた。これには精神と身体、どちらも関係しているが、ひとまずここでは身体について書く。

　大学まで陸上競技を続けていたので、学生のころは比較的身体を動かしていた。それが社会人になって急激に運動量が減ると、デスクワーク中に足の筋肉が痙攣《けいれん》し出した。身体が退化していくのをひしひしと感じた。

　どうしても身体を動かしたくなると、僕はトイレに駆け込んでスクワットをよくやった。

休憩時間にはスーツを着たまま会社の周りを全力疾走したりした。

思い返すと我ながら変な奴だと思う。それでも当時はそうせざるを得なかった。身体は使われることを望んでいる。理屈ではなく本能的に思った。

学生のとき、こんなこともあった。

僕は車の免許を取ったばかりで、国道を運転していた。制限速度60キロだったが、スピードメーターを見ながらだと前は見えない。前を見ながら運転すると今度は速度がわからない。ジレンマを抱えていたが、流れる景色の感じからかなり正確にスピードを維持できることを発見した。

自分の感覚というものが意外に信頼できる。

それはちょっとした驚きだった。

もしかしたら、メーターなど機械に頼っているから、感覚が発達しないのではないか？

身体を使うこと、自分の感覚を磨くことが生物として欠かせないことのように思えた。

＊

さて、身体を使うことを前提としつつも、仕事なら何でもよいわけではない。当然やるからには自分が興味を持っていることも大切だ。

まず、おおまかな方向性として専門性の高い職人仕事をしようと決めて、その中から最終的に「鍼灸《しんきゅう》師」と「パン職人」に絞り込んだ。まったく違うものではあるが、どちらも何千年という歴史のある職業だ。

鍼灸に興味を持ったのは、薬が嫌いだったからだ。僕は薬というものをほとんど飲んだことがない。薬が身体に効くということが、なんとなく気持ち悪かった。それは、症状を治すというより抑えているだけだという感じがした。中学生のころ、健康診断で左の腎臓が腫れているから検査した方がいい、と言われた。病院に行くと、運動のしすぎで身体が疲れていると言われ、何種類も薬を出された。

僕はそれらを捨てた。そして本屋でいろいろと腎臓について調べ、経絡《けいらく》とツボの本を買って、腎臓に効くとされるところを押したり揉んだりした。何日かして再検査をしたら、嘘のように腫れが引いていた。この経験から、薬に頼らずに自然治癒力を信じるようになった。

パンに関してはこれも中学のとき、あるリテイルベーカリー（店内に工房があるパン屋）の食パンを食べて、初めてそのおいしさに目覚めた。それまでは朝食はご飯でもパンでもどっちでもよかったのだが、それ以来、断然パン派になった。大学生のときは夕食にパンを食べていたこともある。

鍼灸師とパン職人、どちらを選んでも同じようにやっていけると思った。

パンを選んだのは、現実的な理由だった。

最終的にどちらにするか決めかねていたので、まずはときどきお世話になっていた鍼灸院に話を聞きに行ってみた。

鍼灸師になるには、専門学校に通ってはり師ときゅう師の国家試験に合格しなければならない。学校は3年間で、かかる費用はたしか400万円くらいだったと思う。医療系の学校は学費が高い。しかも、受験時に寄付金やコネクションも必要で、紹介者には謝礼を支払うなどの慣習も聞かされた。

僕はがっかりした。学費だけでも途方もないと思ったが、不明瞭なお金が必要だということがもっと嫌だった。おそらくそんな学校ばかりではないだろうが、いずれにしてもそれだけのお金を工面するのは現実的に難しかった。

一方で、パン職人になるためにとくに資格は必要ないことがわかった。最後は経済面でのハードルの低さが決め手になった。

そんなわけで、パン職人を志した理由は、食べることに興味があったからとか、パン作りが好きだからではない。純粋に〝一生の仕事〟として考えた結果だった。

＊

パン職人になると決断したとはいえ、僕はまだ会社で働いていた。実際に行動に移すには勇気がいるものだ。

なんだかんだ言って僕は一応大学を卒業して、企業に就職した。それは世間的には望ましいこととされている。ここで会社を辞めると、この社会からドロップアウトしてしまう気がした。もう少し会社で働いて、その間にじっくりと考えてもいいのでは？

そんな臆病なことを考えもしたが、一方でこうも考えた。

そのとき、僕は23歳だった。このまま会社で働いて、30歳になってやっぱりパン職人になろうと思ったときに、もし結婚していたら？　子供がいたら？

たぶん身動きが取れないだろう。会社を辞めるのも怖いが、やりたいと思うことを押し殺して生き続けるのはもっと怖い。こう考えると辞める決心がついた。

そして、その決心を後押ししてくれた友人がいた。

彼は就職せずに、大学に残ってある研究を続けていた。そのまま残っていれば、やがては教授の道も開かれていたはずだが、彼は地位よりやりたい研究を優先して、グアテマラに渡り、今もそこで研究を続けている。

学生のころからいつも羨ましいと感じていたが、それは、彼が自分のやりたいことを自覚し、なおかつ実行していること、そして社会通念と言ったものに惑わされていないからだ。つまり、ゆるぎない信念というか、しっかりとした軸のようなものを持っていた。

人を羨む生き方はやめよう。自分がそのように生きればいい。

彼、井関雅文を通じて学んだことだ。

そして会社に辞表を出した。

就職してから、ちょうど1年がたっていた。

パン修業を始める

23歳。正確には23歳と11カ月。僕は、パン職人としてスタートした。スタート時の年齢に関して、僕は少なからずコンプレックスを抱いてきた。職人仕事というのは、早くから始めないとものにならないと聞いていたからだ。

実際、日本で見習い修業を始めたときに、先輩から20歳を超えてからではもう遅い、と冷たく言われたこともある。アルバイト先のホテルのシェフにドイツへ修業に行くことを告げたときも、そんなのはもっと若いうちに行くものだと素っ気なく言われた。

そのたびに落ち込んだが、たとえ否定されたところで諦めるわけにはいかない。雑誌などで、ある程度の年齢になってから転職をしてパン職人になった人の記事を読むと、「自分にもできるはずだ」と言い聞かせた。

結果として「遅いスタート」という自覚は、より凝縮された集中力を生んだ。そして今になって思うのだが、〝できるできない〟は、年齢よりもむしろ、興味や志、そして覚悟によるのではないか。

もちろん、スタートは若いに越したことはない。パン屋は重労働だ。朝は早いし、重いものも持つ。ただそういった肉体的なこととは別に、技術的なことや、素材や製法の知識を得るには、どれだけ製パンに対する興味があるかで相当変わってくるし、志を高く持てば、やがてそれはパンに、店に、反映されるだろう。

たとえ何年かかろうとも、パン作りの基礎から、できればさらに深いところを学びたいと考えた。流行に左右されないもの、芯のあるしっかりしたものを作るためには徹底的に基礎を学ばなければ。

僕は「職人」という在り方に憧れていた。一つのことを深く追求する。そんな生き方をしたかった。

*

パン職人を志した時点で、僕は外国へ修業に行くことを考えていた。フランスかドイツか、パンの本場に行って修業しない限り、自分を納得させることができないと思った。とはいっても、その時点で、僕にはこの業界にまったくつてはない。もとより、基礎から徹底的に学ぼうとしているのだから、まずは日本で製パンの学校へ通って足掛かりを作り、2〜3年どこかで働いてから、海外で修業しようと青写真を描いた。そして大阪・阿倍野にある調理師専門学校の製パン科を受験した。

試験は作文と面接だった。

結果は不合格。

専門学校って落ちる人いるの？　これが率直な感想だった。いきなり出鼻をくじかれた。

正直、一瞬落ち込んだが、すぐに気持ちを切り替えた。

僕はコンビニで求人情報誌を買って、人を募集しているパン屋を探した。

この話には後日談がある。店をオープンして何年かたったころ、講演を頼まれた。その会場がたまたまその専門学校だった。

早めに会場入りしたので、先生が校内を案内してくれた。

僕はおもむろに「ここを受験して落ちることってあるんですか？」と尋ねた。

先生は「それはないなー、まぁよっぽど協調性がないと判断したらそれもあるかもしれないけど」。

そういうことらしい。

もし神様がいるとしたら、あのときあえて僕を落としてくれたのだと思う。というのも、専門学校に行くには相当な費用がかかる。もう親を頼れる年でもなく、学校に通っていたら、ローンを組むことになっただろう。パン屋で働きながらそれを返済したら、何年かかるだろうか。

さらに、海外で働くための貯金もしなくてはならない。もし合格していたら、現実的に海外で修業するのは無理だったと思う。まぁ協調性がないのは認めるが。

結局、僕は京都の宇治にある小さなパン屋に職を得た。オーナーはこの道一筋の職人で、生地の成形などの仕事がきれいで、なおかつ速いことがとても印象に残っている。

当時は本店の他に、コープの中にもう1店、支店があった。オーナーは一人で本店の製造を行い、支店の仕事も一部手伝っていた。僕は先輩2人と一緒に支店勤務となった。

ここに来るまでいろいろなことを考えた。

思い描いていたのとは違う形でのスタートとなったが、今やっと、念願のパン屋で働くことができる。少しばかり感傷に浸りながら初日の仕事に向かった。しかし……。

初日の感想は「これからずっと、こんなに長時間働き続けるのか？」ということだった。その日は12時間、以降、労働時間は１日12～14時間だった。とにかく息つく間もなく忙しかった。

最初の日にオーナーから「松崎君、パン屋の仕事は長時間労働、重労働、低賃金だ」と冗談まじりに言われたことを思い出す。

入ったばかりのころの主な仕事は、天板掃除に洗いもの、型に油を塗る、厨房の掃除といった簡単なことだが、焼き上がったパンにフォンダン（砂糖の上がけ）を塗ったり、先輩が成形したパン生地を天板に並べたりと、することは山ほどあった。休憩はといえば昼食時間の10分だけだった。朝食は前日の残りのサンドイッチを仕事をしながら食べた。

オーナーが本店に戻ると、先輩からはずいぶんと理不尽なこともされた。まぁこれはある程度覚悟はしていたことだが。

この「こんなにも長い時間働くのか」という疑問は、ずっと抱えて働き続けた。

のちにドイツで解決策を見出すが、当時、何も知らない見習いの身分では、先輩がやっていることをそのまま受け入れるしか術《すべ》はなかった。

パンの業界誌には1日18時間は働いているとか、睡眠時間3時間でやっているとか、まるで拷問にかけられているかのような記事をよく見かけた。

それでも辞めようとはまったく思わなかった。会社を辞めて、もう一度人生をやり直す覚悟でこの世界に入ったのだから。

たしかに、パン屋の労働時間は長い。

けれどどんなに忙しくても、その仕事が終わってしまえば、あとは思い煩うことはない。夜は早めに休んで、朝、日の出とともに起きる。それがどれほど幸せなことかわかった。

会社で働いていたときはそうはいかなかった。

家に帰ってからも、持ち帰った仕事をしなければならなかった。1日中、休みの日さえも心がやすらぐときがなかった。それがどんなに精神にストレスを与えていたのか、パン屋で働いてみて初めて気がついた。

＊

さて、パン屋の仕事の中で、労働時間のことより辛かったのが、自分がまったく無知だったことだ。前述のとおり、僕はこの仕事を始めた時点でパンの教育というものを受けていなかった。使っている小麦粉のことも製法のこともわかっていなかった。先輩に質問しても、理屈ばかり言うなと、怒鳴られるだけだった。

それならばと、業界紙を発行している㈱パンニュース社に行って、製パンに関する専門書もそろえて読んだが、初心者だけにイマイチよく理解できなかった。パン屋で働いている、ただそれだけで「パン職人」と言えるのか？　毎日そんなことを考えていた。

この道を選んだとき、一生の仕事だから、何年かかってもいいから、基礎を徹底的に勉強したいと思った。

でも、基礎って何だろうか？

一流と言われる店で働いたら基礎が身につくのだろうか？

もちろん、そのような店で働けば、きっちりした仕事は覚えられるだろう。ただ、教えられた仕事はこなせても、一つひとつのことに対して、なぜそうなるのかを理解していなかったら、いつまでたっても自信を持って仕事ができないだろう。

自分で考えて仕事を発展させるためにも、僕は製パン理論をきっちりと学びたかった。その場その場で見たり聞いたりした寄せ集めの知識ではなく、もっと包括的な理論体系を知りたかった。そして一通りの理論を学んだうえで、本当に必要なものとそうでないものを自分で選択したかった。

その理論と現場の仕事を自分の中ですり合わせていくなかで、初めて使える知識として定着する――それが基礎だと思った。

考えてみれば、日本ではパン職人になるための一貫した教育システムは存在していない。よくあるパターンとしては、高校を卒業し、製パンの専門学校に通い、運がよければホテルや名のあるパン屋に就職する、というのがいわゆるエリートコースだ。

僕のようにいきなり現場で働き出す人も多い。たとえ専門学校に通ったとしても授業の大半が実習だと聞いた。

僕は何か満たされないものを感じていた。

パン作りの経験は現場で働いていれば自動的に蓄積されるが、理論的な知識はそうではない。自分の意思で勉強しないといつまでたっても身につかない。

一生の仕事としてパン職人になるという選択をしたのだから、何年かかってもいいから基礎から徹底して勉強したい。しかしその基礎を、少なくとも自分が思うような深いところからしっかり学ぶ機会が、そもそも見つからなかった。

*

その問題を解決してくれたのが、「マイスター制度」だった。

中世から続いているドイツの徒弟制度だ。現在のマイスターは、ドイツの職人に与えられる国家資格でもあり、日本語で言う「親方」のことで、パンや菓子、ヴァイオリン、家具、自動車整備など、さまざまな職人的な分野の仕事がある。

ドイツでは、パン屋で働いているだけではパン職人としては認められない。

最初はパン屋で「レアリングLehrling（見習い）」から始まり、3年間働きながら「ベルーフスシューレBerufsschule」と呼ばれる職業学校に通って理論を学ぶ。そこで実技と理論の試験に合格すれば「ゲゼレGeselle（職人）」となり、初めて職人として認められる。それから3年以上パン屋で経験を積むと「マイスター学校Meisterschule」に通うことができる。こちらは基本的に半年間、全日制の学校だ。実技に加えて、さらに深い製パン理論や店の経営、簿記、法律、経済学、教育学などを学び、すべての試験に合格すると、やっと「マイスターMeister（親方）」になれる。マイスターになれば店を開いたり、弟子をとることができる（→Memo）。

僕は製パンの技術だけでなく、知識も習得したかった。プロとしてパンを作るのなら、「なぜそうなるか」を知らないと気がすまなかった。

この制度に、自分も身を置いてみたかった。マイスターという言葉の響きに憧れもあった。マイスターになって、初めて本当の職人になれる気がした。これこそ唯一自分の望みを満足させ得る目標に思えた。

僕はドイツに行って「マイスターになること」に目標を定めた。

するとなんとも言えない喜びが内側から湧き出てきた。

Memo

「マイスター制度」の補足

マイスターは、
手工業及び工業の経営者、
教育者としての権限を認められた
ドイツの国家資格。僕の修業時代、
ドイツでパン屋を開くには
「製パンマイスター」が必須だった。
しかしEU統合後は、
例外も認められている。

自分が正しい道を選んだというたしかな実感があった。もう先輩から何を言われても気にならなくなった。

しかし目標を定めたものの、実際のところ、どうしていいのかわからなかった。パン屋で働き始めて何カ月かたったころ、とりあえず大阪の梅田にあるドイツ領事館を訪ねて、ドイツのパン屋で修業したい旨を伝えた。

ドイツの方が日本語で対応してくれた。

「パン作りの経験は何年ありますか？」と聞かれたので、「最近始めたばかりです」と答えると、少し驚いた表情をされた。次に「ドイツ語はどれくらいできますか？」と聞かれたので、「これから勉強します」と答えると、あからさまに呆れた顔をされた。それでもなんとか助け舟を出そうとしてくれたのか、「まぁ英語もある程度は通じるけど」と言ってくれた。しかし僕が「英語もあまり自信がない」と言うと、とても流暢な日本語でキッパリと「１００％無理です」と言われた。

僕は領事館をあとにした。諦めるつもりはなかった。なんとか情報を得ようと、その足で、梅田の紀伊國屋書店に向かった。

語学書の本棚を眺めていたら、ドイツ留学に関する本が目に入った。そのなかに、ヴァイオリン作りのマイスターを目指して修業中の人の手記が載っていた。彼が、日本カールデュイスベルク協会というところを通してドイツへ来たことが書かれていて、その協会の

Memo

パン職人のドイツ留学

日本カールデュイスベルク協会では、
1998年より広く一般に向けて
「ドイツ日本人職人養成プログラム」
と称してドイツ留学をサポートしていた。
2014年現在、このプログラムの運営は
別の団体に引き継がれている。
僕がドイツに渡ったのは
このプログラムが始まる前だったので、
留学にかかる費用や手続きは、
変わっていると思う。

連絡先も書いてあった。僕はその本を買ってすぐに近くの公衆電話から電話をかけた。まだパンの経験がほとんどなく、ドイツ語も話せないけど、それでも製パンマイスターを取りたいことを訴えた。

電話の向こうで、「大丈夫ですよ。ただ、パン作りの経験はある程度はあった方がいいのと、研修先を探すのに結構時間がかかるので、しばらくは、日本でもパンの経験を積んでください」と言ってくれた(→Memo)。

領事館で「100%無理です」と言われてから、1時間もたっていなかった。

*

結局、京都のパン屋では、1年間だけお世話になった。オーナーはとても親切で仕事もでき、今でも尊敬しているが、主に本店の仕事をされていたので、直接仕事を学ぶ機会が限られていた。僕が働いた支店では、あまりいい思い出がない。前述のように先輩からずいぶんと理不尽なことをされたからだ。カールデュイスベルク協会に連絡をとってから、何度かやりとりを重ねて翌年の夏にはドイツに行けるめどが立ち、早くドイツへ行って基礎から勉強したいという気持ちが日に日に強くなっていた。

京都の店を辞めてからドイツに出発するぎりぎりまでの間、梅田の新阪急ホテルの製パン課でアルバイトをしてお金を貯めた。

ドイツへ行くことに対しては期待より不安が大きかった。言葉や生活習慣のこと、遅いスタートへのコンプレックス、日本社会との接点を断ち切ることなど、いろいろあった。すぐに帰るつもりは無論なかったが、万一ドイツで弱気になっても帰れないように、あえて航空券は片道切符を選んだ。往復チケットと差額は5000円しかなかったので、旅行会社の人は当然のように往復チケットを勧めてくれたが、これは金額でなく、僕の意志の問題だった。

出発の前日、所用で梅田まで来て、御堂筋を歩いていると妙に感傷的になった。10代のころからこのあたりにはよく遊びに来ていた。今度ここを歩くのはいつになるのだろうか。いつものように道路は混んでいて、騒々しかったが、そんな当たり前の風景さえもがとても大切なものに感じられた。

歩きながら、自分の20代はもうないものと諦めた。

とにかく一生懸命仕事をして、早く一人前になろう。

1997年8月31日、僕はドイツへ出発した。

ドイツ修業時代

ベッカライ・ヴィプラー

フランクフルト空港に着いて、まず向かった先はケルンだ。

世界遺産の大聖堂をはじめ、古い街並みも残っている。駅舎から出ると、目の前に大聖堂が山のように、本当に山のようにそびえ立っていた。このときの驚きと畏敬にも似た感動は生涯忘れることはないだろう。のちにバルセロナでサグラダ・ファミリアも見たが、ケルンの大聖堂のときのような感動はなかった。このような建築物を何百年も前に造ったドイツ人をすごいと思った。

ケルンは学生も多く、にぎやかな街だ。夏だということもあり、色とりどりの花がたくさん飾られていた。ここで3カ月間、語学学校に通った。

日本でもドイツ語の文法書を読んだり、単語を覚えたりして少しは準備をしてきたが、実際にドイツに来ると、ほとんど何も通用しなかった。今思い返すと勉強のための勉強だったように思う。もっと緊張感を持って取り組むべきだったが、あとの祭りだ。それでも語学学校時代はまだよかった。ドイツ語を母国語としない人たちの集まりだからだ。ドイツ語もどきみたいなもので、外国人同士ではまあまあ意思の疎通がはかれた。

*

3カ月間の語学訓練が終わり、いよいよ修業生活がスタートすることになった。最初の修業先は、旧東ドイツのザクセン州の州都、ドレスデンの「ベッカライ・ヴィプラーBäckerei Wippler」だ。

ケルンからドレスデンまでIC（特急列車）で7時間ほどかかる。引っ越しの日、僕は39℃の熱を出していた。体調は最悪だったが、荷物を抱えてICに乗り込んだ。ぼんやりと窓の外の景色を眺めていたが、列車が東へ進むにつれて、色鮮やかな街の景色がだんだんと灰色に変化していった。街の色に合わせるかのように天気もどんよりと曇り空に変わっていった。

ドレスデンの中央駅に着いたとき、ケルンとのあまりの違いに驚いた。駅舎は古く、止まっている列車も古びていた。体調のせいで、余計にそう感じたのかもしれない。そのときは何もかもが灰色に見えた。

これが旧東ドイツか。

ドレスデンの中央駅に、カールデュイスベルク協会の人が僕を迎えに来てくれているはずだった。到着直後のホームは混んでいて、どんな人が来るかもわからなかったので、僕はすぐそばの売店のスタンドへ行ってフライドポテトでも食べながら探すことにした。発熱のために前日からほとんど何も食べてなかったので、とてもお腹が空いていた。

それらしき人はなかなか見つからなかった。そのうちフライドポテトの皿も空になった。売店には色鮮やかな風景のポストカードが何枚も置いてあったので、僕はこの街とはえらい違いだなあと思いながら、それらをぼんやりと眺めていた。

不意に、後ろから「マツザキさんですか?」と声をかけられた。

振り返ると、60代と思われる女性が、探しくたびれたといった表情で立っていた。彼女曰く、これまで何人もの留学生を迎えに来たが、僕みたいなのは初めてらしい。

普通、留学生といえば他のドイツ人の乗客が立ち去ったあとに、たくさんの荷物を抱えてポツンと一人でホームに立ち尽くしているものだそうだ。

僕はといえば、お腹が空いていたので電車を降りてさっさと売店に行ってしまった。しかも荷物はパタゴニアのリュックサック一つだけだった。

「荷物はたったこれだけなの?」。ヴァーグナーさんというその女性は、びっくりしてそう尋ねた。

「必要最低限のもので生活するつもりです」と答えようとしたが、それをドイツ語で表現できなかった。

ヴァーグナーさんは、修業先まではここからさらにバスを2本乗り継いで1時間かかること、一緒に新しい住居までついて来てくれることを、身振り手振りを交えて説明してくれた。

バスに乗っている間、僕はますます憂鬱《ゆううつ》になってしまった。ドレスデンの中央駅でもさびれた感じがしていたのに、バスが街の中心部から離れるにつれて、ますますさびれ、さらに道は凸凹していて酔ってしまった。97年当時、旧東ドイツは街の中心部こそきれいになっていたが、少し外れると、まだ廃墟がいたるところにあった。

僕はこんなさびれた何もないところで3年間修業するのか。絶望的な気持ちになったが、すぐに「楽しむために来たわけではない」と自分に言い聞かせた。これがドレスデンに対する最初の印象だった。

散々なことを書き連ねたが、春が近くなるにつれて、街中の木々がものすごい勢いで緑色に変わっていった。それは、日に日にはっきりとわかるほどの変化だった。そして灰色だった街が一気に華やいだ。以前、駅の売店で見た色鮮やかなポストカードはドレスデンの風景だったということを、そのときようやく理解した。

かつて文豪ゲーテが、その美しい景観を望むエルベ川のほとりを「ヨーロッパのバルコニー」と表現したということを、あとで知った。四季は日本にしかないなんて誰が言ったのだろう。秋の紅葉もそうだが、少なくとも僕の経験からは、日本よりもドイツの方が、四季がはっきりとしていると思う。

日本にいたころ、よくドイツに行ってからの生活を想像していた。

美しい旧市街があり、大きな川が流れている。仕事が終わるとその川のほとりをランニングする……ここはそのイメージのままだった。初めて来たときの印象が悪かっただけに、春になったときの変貌ぶりには本当に驚かされた。

＊

修業生活がスタートすると、さまざまな壁にぶつかった。

語学学校で勉強したことも、ほとんど役に立たなかった。挨拶に始まり、天気やショッピングでの会話など、仕事場ではあまり意味をなさない。そして語学学校では先生たちは標準語で話をしたが、ここはザクセン訛《なま》りの方言だった。

職場でも、とくに最初は大変だった。

高い意識を持ってドイツへやって来たつもりだったが、それとは裏腹に僕の実務的な仕事の能力は最低レベルだった。不器用で一つの技術を習得するのにも、人よりもかなり長い時間を必要とした。日本で見習いをしていたころ、先輩から「お前はこの仕事に向いていないから辞めてしまえ」と言われたこともある。不器用なうえに気がきかないから、そう言われるのも仕方がなかったかもしれない。

そんな人間が言葉もわからない国に来てパン作りを学ぼうとするのだから、我ながら無謀だったと思う。若かったがゆえにできたことかもしれない。

自分の能力のなさも大きな問題だったが、さらに深刻な問題があった。

それはドイツのパン作りそのものだ。散々世話になったドイツの製パン業界のことを悪く言うつもりはない。今でもドイツへ行ってよかったと心から思うし、ドイツの職業訓練の制度はとても素晴らしいものだと思う。

ただ、僕が日本で思い描いていたドイツでのパン作りと現実のギャップが大きすぎた。

これは多くの日本人がドイツへ行って感じることだろう。

簡単に言うと、伝統的な手仕事のパン作りを期待していたのに、実際はそうではなかったということだ。

ドイツのパン屋は工業製パン組合と手工業製パン組合のいずれかに属している。前者は機械化された大量生産のパン屋（企業というべきか？）、後者はマイスターが経営する個人店のパン屋のことだ。

修業先のヴィプラーは、当時、ザクセン州手工業製パン組合の会長の店だったが、これで本当に手工業なの？　というくらい機械化と合理化が進んでいた。

粉はサイロから直接ミキサーに投入され、水の温度も量も自動で制御されて、ミキサーに直接注がれる。捏《こ》ね上がった生地は、ただちに分割機、丸め機、成形機にかけられるといった具合だ。一部のパンは手で成形していたが、多くのパンは焼き上がるまで生地にさわることはほとんどない。たまたま僕の修業先がそうだったのではなく、それが当時のドイツのスタンダードだった。

19世紀後半の第二次産業革命以降、急速に進んだ工業化と、その後加速した労働時間短縮の流れによるものだ。加えて、1990年に東西のドイツが統一されると、東は西に追いつけとばかりに西の技術を取り入れた。

真偽のほどは定かではないが、こんな小話がある。

東西ドイツが統一された直後に、東側のパン屋のオーナー夫婦が西側で開催された製パン見本市を訪れた。主催者から一通り案内されたあとで、オーナー夫人はこう質問した。

「西側の技術は、どれも本当に素晴らしい。だけどなぜパンがこんなにまずいの?」

不思議だったのは、ドイツ人はそれでも自分たちのパン作りを手仕事として誇りに思っていることだ。業界紙の記事では、あるパン屋のオーナーが誇らしげに語っていた。

「我々は手仕事をとても大切にしている。私の店ではいまだに卵を一つひとつ、手で割っている」

〝手仕事〟に対する認識の違いが大きかったので、戸惑った。

それだけではない。

パン作りの製法は、イーストや添加物を大量に使った、発酵時間をとらない促成栽培的なものだった。粉と一緒に砂糖、油脂などの副材料や添加物などが配合されているミックス粉も普通に使われていた。

僕は本物のパン作りを学ぶためにドイツにやって来た。

もちろん何が本物かなんて定義はない。現在のドイツでのやり方をそのまま受け入れるのなら、それもありだろう。ただ、ミックス粉を使ったパン作りは職人でなくてもできることだし、添加物にも抵抗があった。そのようなパン作りには価値を見出せなかった。専門技術と呼んで差し支えのないレベルのものを身につけたいと考えていた。

*

一方で、素晴らしい点もたくさんあった。3年の見習い期間に、いつ何を学ぶのか、カリキュラムがしっかりしていて、店ではたとえ機械で作っていても、手仕事のやり方もマイスターが教えてくれたことだ。

ヴィプラーでは、オーナーのマイスターはほとんど経営と製パン組合の会長の仕事をしていたので、僕はシェフをまかされていたマイスターから技術的なことを教わった。

手仕事といえば、見習い1年目にこんな思い出がある。

「ツォプフZopf」(→Memo)というパンを作っていたときだ。

これは生地を棒状に伸ばして編み込むパンで、いろいろなバ

Memo

ツォプフ
Zopf

ドイツ語で「おさげ髪」の意味で、
編み込みパンの総称。
小麦粉90に対して油脂と糖類の
合計10以上の配合の菓子パン
「ファイネ・バックヴァーレン
Feine Backwaren」に分類される。
ベッカライ・ビオブロートの菓子パンも
すべてファイネ・バックヴァーレンだ。

リエーションがあるが、ヴィプラーでは2本編みのものを毎日76個作っていた。まず生地を152個、棒状にして、それから2本1組で編んでゆく。一つひとつ同じ長さ、同じ太さになるようにていねいに伸ばすことを心がけていたが、あるときに、オーナーの息子でザクセン州のコンテストで最優秀、全国でも2位になったこともあるアンドレアスにこう言われた。

「フトシ、俺たちは芸術家ではなくて、職人だ。きれいにそろえることも大事だが、スピードも大切なんだ」

実際、パン屋の仕事はスピードを要求される。

生地は生きていて、刻一刻と発酵を続けている。このツォプフも76個同時に窯入れするため、最初と最後に編んだものの時間差があると、焼き上がりにも影響を与えてしまう。

ここにジレンマがある。

ていねいに仕事をしようと思えば仕事は遅くなるし、速くすれば雑になる。

どうすればいいか？

結局は、練習するしかない。動きを意識して。

思うに、仕事における速さには2通りある。

単に急いだだけのものと意識の行き届いた速さだ。

単に急いだだけの速さというのは雑な速さだ。ツォプフでいえば、でき上がったものは一つひとつが不ぞろいなものだ。一方で、意識の行き届いた速さというのは均一さを伴っている。それは、普段から絶えず同じ動きを再現しようとする意思を持って仕事を続けて、初めて獲得できるものだ。

一見遠まわりだが、初心者はまずゆっくり、そして、ていねいに仕事をするべきだ。そのときに、自分がどのように身体を使っているのかを感じながら動くこと。やがて無意識に、しかも速く動けるようになるだろう。

反対に、初心者の段階で急いで仕事をしてしまうと、いつまでたっても雑な仕事のままになってしまう。

日本で修業していたころは、とにかく先輩に急《せ》かされた。とても苦痛に感じたが、職場は学校ではないから仕方がない。幸い僕が生地を扱える機会はあまりなかったので、雑な動きを身につけなくてすんだと思う。

ヴィプラーでは、仕事が終わってから工房に残って、基本動作の練習を繰り返した。残り生地を使わせてもらい、最初は遅くてもていねいな動作を意識して、時計を見ながら徐々にスピードを上げていった。

工房に残って分割と丸めの練習をしていたとき、シェフから声をかけられた。

「フトシ、Übung《ユーブング》 macht《マハト》 den《デン》 Meister《マイスター》！（練習が、マイスターを作る！）」

どこかで聞いた言葉だ。そういえば、日本で見習いをしていたときに買った『ドイツのパン技術詳論』という本に、その言葉が出ていた。いい言葉だなぁと思って、心にとどめていたが、実際にドイツでドイツ人からその言葉を聞いて、再び初心を思い出した。

職業学校（ベルーフスシューレ）

さて、ドイツ修業中、なんと言ってもよかったのは職業学校（ベルーフスシューレ／Berufsschule）だ。僕はドイツでの7年間を振り返るとき、いつも感謝の念を持って、この学校の先生たちのことを思い出す（→Memo）。

ベッカライ・ヴィプラーで働きながら、職業学校には週に2回通って、10代のドイツ人たちと一緒に授業を受けた。学校の日は仕事には行かなくてよい。驚いたことに学校に通っている時間も労働時間として扱われた。

製パン技術と理論の教科書は300頁を超えるしっかりしたものだった。

ほとんど言葉もわかっていない外国人に対して、先生方はじつに粘り強く、ていねいに教えてくれた。僕のために職員会議まで開いてくれた。学校での問題点を聞かれ、僕が板書が筆記体で読みづらいこと（ドイツ人の字は本当に読みにくい）、ザクセン州の方言が聞き取りづらいことを挙げると、より理解しやすい発音を心がけること、黒板にはブロック体を使うなど、精一杯の配慮をしてくれた。このことには今でも本当に感謝している。

僕はこれらの好意に応えないわけにはいかなかった。もともと、勉強したくてドイツまで来た。やる気だけは持っていたが、それは自分だけのためだ。今やそれに加えて、先生方のためにもよい成績をとりたいと思うようになった。

幸い時間はたっぷりあった。

ヴィプラーでは夜中の2時半から働き、朝の10時過ぎには仕事は終わっていたし、学校は朝8時から午後2時くらいまでだった。

僕は仕事や学校が終わると路面電車を乗り継いで大学図書館に行き、分厚い教科書に取り組んだ。休日も普段の仕事と同じ午前2時過ぎに起きて、朝まで教科書を読み込み、その後、大学図書館で勉強を続けた。初めは1頁読むのに2〜3時間かかったが、次第に速く読み、理解できるようになった。

それはとても楽しい時間だった。誰に強制されたわけでもない。学生のころは考えられなかったが、本当に勉強がしたかった。パンについて深く学びたかった。

そして、さらにやる気に追い打ちをかける出来事があった。

＊

見習い期間中、パンについて思う存分勉強ができたことには満足しているが、大きな問題点があった。

Memo

ドレスデンの職業学校

職業学校はドイツの各州にある。
僕が通ったドレスデンの学校は、
製パンの他に食肉加工、
ビール醸造などのコースが
併設されていた。
生徒は手に職をつけることを
目的とした10代の若者が
ほとんど。学費は無料だった。

経済面のことだ。

ドイツ修業のために、僕は日本で１４０万円を貯めてきたが、ケルンで語学研修を受けている３カ月は授業料にホームステイの費用、食費（キッチンが使えなかったので、朝食以外はすべて外食だった）で、月に15～16万ほどもかかってしまった。語学研修が終わるころには所持金は１００万円を切っていた。

そして、ドレスデンでの生活が始まるのだが、最初は何かと物入りだ。どんどんお金は減り続けた。そして、僕は給料をいくらもらえるのか、働き始めるまで知らなかった。修業しに行くのに給料のことを考えるのは気が引けたというのもあるし、当時は情報量が圧倒的に不足していたということもある。

インターネットも今ほどは普及していなかったし、第一、僕はアナログ派だ。パソコンを少しさわれるようになったのは、妻と知り合ってからだ（妻とはドイツで知り合い、マイスター資格を取る少し前の２００１年に結婚した）。たまたま妻がノートパソコンを持っていたからで、そうでなければ、いまだにネットすら見られなかっただろう。

さて、見習いの給料はといえば、手取りで５００マルク（約3万５０００円。１マルクは当時約70円）だった。多くを期待していたわけではない。それでもあまりの少なさに不安になった。

家賃が５００マルクだったので、これでは生活ができない。ヴァーグナーさんに相談して、もっと安いところを探してもらうことにした。

半年ほどたって、300マルクの部屋を見つけてもらったので引っ越した。大家さんが僕の事情を聞いて安くしてくれたことをあとに聞いた。

それでも当時のドイツの物価は日本より多少は安いという程度だったので、この給料で生活するのは難しく思われた。給料から家賃と定期代約50マルクを差し引いた残りの150マルクで最低限必要なものを買った。それが小麦粉であり、トマトやパプリカなどの緑黄色野菜であり、たまにチーズやハムを買った。

給料だけで生活するには1日あたり5マルクで生活しなければならない。ギリギリまで切り詰めて給料だけで、つまり500マルクで過ごした月もあるにはあったが、たいていは100〜200マルクほど、少しずつ貯金を取り崩してやりくりした。

日本とそれほど物価水準が変わらない国で1カ月を3万5000〜5万円でやりくりするのだから、どんな生活をしていたか想像できるだろう。本当に極貧生活だったが、それでも悲壮感はまったくなかった。切り詰めた生活になるのは覚悟のうえだったし、若いころの貧乏はむしろ美徳と考えていたから。

何よりパン作りを学べるし、学校にも通えるし、本屋に行けば専門書の品ぞろえも充実していた。

そのころは、H・D・ソローの『ウォールデン 森の生活』を何度も何度も読み返した。

それは、日本から厳選に厳選を重ねた末に持って来た3冊のうちの1冊だった。僕は森で生活をしていたわけではないが、そこに書かれていた最低限のシンプルな生活にはとても共感を持てた。

しかし、ドレスデンでの生活も2年目に入ると、いよいよ金銭的に苦しくなってきた。このままでは、卒業までは持たないことがはっきりとした。

なんとかしてお金を稼がなくてはと考えたが、僕の滞在許可は、ベッカライ・ヴィプラーで見習いをすることに限られていたので、アルバイトはできなかった。

＊

そんなときに、中間試験が行われることになった。これは3年間の見習い期間の途中で、一度だけ行われる大きな試験だ。卒業の際に「ゲゼレ（職人）」資格を取得するために受ける職人試験と同様、学科と実技、両方のテストがある。

この試験で優秀な成績を収めると、見習い期間を半年間短縮できることを知った。

僕は、これに賭けることにした。なんとしても優秀な成績を取って、早く見習いを終える以外、ドイツに残る道は残されていなかった。

勉強するために来たのだからやる気はもともとあったが、経済的な理由からさらにモチベーションが高まった。周りは僕が外国人だから優秀な成績を取るのは難しいと思っていたようだが、僕はそうは考えなかった。

職業学校に来るドイツ人の学生たちが、皆やる気があるわけではない。多くは上の学校に行けなかったから仕方なくパン屋にでもなるといった具合だった（この点は、あとに通うマイスター学校とは全然違っていた）。それに彼らにとって、このドイツの教育システムは当たり前（職業学校は義務教育の一環）で、ありがたみがなかった。

僕はといえば、勉強したくても、本気で学びたくても、その機会がなく、学びたい情熱を抑えられ続けてきた。それが、ドイツへ来たことによって解き放たれた。しかも、経済的な状況から、よい成績を取る以外にドイツに残る道は残されていない。見方によってはこんな好条件があるだろうか？ たとえ言葉の壁はあっても、精神的には自分の方が彼らより優位な立場にいると考えていた。

そして結果は、94人中1番になり、半年繰り上げて卒業できることになった。

しかも最後に受ける職人試験も1番だったので、通常はゲゼレになってから3年間は経験を積まないと受験できないマイスター試験を、2年間短縮して1年の経験を積めばチャレンジできるというおまけまでついた。

製パン理論の先生が自分のことのように喜んでくれたことがとても嬉しかった。

よいことは続いた。たまたまカールデュイスベルク協会からまとまった額の奨学金ももらったからだ。

生活の見通しがついた。危機を乗り越えた。

東ドイツ時代の古書に出会う

職業学校では、僕のパン職人としての在り方に決定的な影響を与えてくれる出来事があった。ある日、授業が終わって、製パン理論の先生と話をしていたときのことだ。先生は東ドイツ時代と現在を比較して、大学では基礎研究がおろそかになってきていること、職業学校においても、たとえば東ドイツの教科書に比べると、カラーで写真は多くなったものの、記述が簡単になっていること、それから店で売っているパンの品質が落ちたこと、などを指摘された。

東ドイツ時代のパンの方がおいしかったという話はときどき耳にしていた。しかし、教科書も昔がよかったというのには驚いた。そのとき使っていたものも充分に素晴らしいと思っていたからだ。

僕は、東ドイツで使われていた教科書の著者とタイトルを尋ねて、学校が終わると、古本屋をはしごした。

そして日に焼けて赤茶けた表紙の1冊の本を手に入れた。ヴァルター・ヴェルニッケという著者によるパンの教科書『Fachkunde für Bäcker』だ。1951年刊行とある。紙質自体は悪くはない。

すべてモノクロの質素な造りの、いかにも東ドイツ時代といった感じのものだった。

家に帰って、さっそく読み始めた。

写真や図解が少ないので読みにくくはあったが、先生の話のとおり、記述はとても詳しく、ていねいだった。読み進めるにつれて、自分にはこの教科書の方が肌に合っていると確信した。

僕は来る時代を間違えたと思った。かなわないとわかっていても、この東ドイツ時代に修業に行きたい。パン職人を志したとき、時代に左右されない普遍的なものを作りたいと願ったが、意識しようがしまいが、現代のパン屋で働いている限り、時代というものに左右されてしまうことを痛感した。

僕が身を置く1990年代後半は、トラデイショナルなパンを勉強するには時期が悪すぎた。

ドイツに来れば伝統的なパン作りを当然のように学べると思っていたが、仕事や教育の内容は時代とともに変化するものだ。

昔のパン作りを学びたければ、自分で探し求めるしかない。

もともと古いものに対して畏敬の念を抱いてはいたが、パン作りはとくに過去に学ぶべきものがあると感じていた。

比較する対象を得たことで、いったい自分はいつの時代の、どのようなパン作りをしたいのかを考えるきっかけになった。

ただし、古ければ何でもよいと考えているわけでもない。学校でもパンの歴史を勉強したが、古代の、麦をすりつぶして粥状にしたものを石の上で焼いたようなパンを作りたいとは思っていない。

僕が焼きたいのは、自然な原材料のみで作られて、なおかつ洗練されている、そんな時代のパンだ。

時代が新しくなるにつれてパンは洗練されてゆく。

しかし、その極致であるはずの現代は、添加物を使って短時間で作る製法が一般的になっている。それには賛成できない。

ならばその一つ前の時代のパン作りをしようと思った。

こうして学校での授業と並行して、自分でも旧東ドイツの教科書を学び始めた。そしてさらに一昔前の1900~1950年ごろの古書も少しずつ集めていった。

もしかしたら古書の中に、現代においては忘れ去られている先人の知恵や、製法、技術を見出せるのではないかと密かに期待をした。

見習い時代は本当に切り詰めた生活をしていたが、パンの専門書や古書を買うときだけは例外として、必要なぶんだけ貯金をおろした。この仕事で僕が求めている核心のようなものを、なんとしても知りたいという思いからだった。

だから古本屋へ行くときはいつも緊張した。

本棚の前に立つと、心臓の鼓動が速くなるのを感じた。そして製パンに関する書物の中身を片っ端から調べていった。古書だからといって、すべてがよいというわけではない。仰々しい記述のわりにたいして中身のないものも結構あった。

僕はその中から先人の知恵を探し出そうと丹念にページをめくった。

*

修業先のヴィプラーでは相変わらずのパン作りが行われていたが、僕は家に帰ると、自分で少量の生地を仕込んでパンを焼き始めた。その際に古本のレシピ、製法を参考にした。

家でパンを焼くメリットは大きかった。

職場では機械を使う割合が多いし、分業制なので、パン作りの全体を把握しにくい。その点、家では計量から焼き上げまで一人でできる。それに、パンを買うより粉を買った方が、はるかに安上がりだ。結局、ドイツにいた7年の間、勉強のためにたくさんのパンを買ったけれど、普段家で食べるパンはつねに自分で焼いた。これはとてもよい経験になった。

20代も半ばになって、このような時間をたっぷり持てたことを、とても幸せに思う。

大学時代も時間はそれなりにあったはずだが、本気で勉強しなかった。社会人になって初めてもっと勉強すればよかったと悔やんだ。それがもう一度勉強する機会に恵まれた。

そして、今度は後悔しないように頑張った……と思う。

こうして、職場や学校で現代のドイツのパン作りを学びながら、それとは別に、自分の職人としてあるべき方向性を定めて、知識、経験を積み重ねていった。

ベッカライ・ケーニッヒ

職人試験を終えると、僕は旧西ドイツ側へ引っ越した。

マイスター試験に備えるために、ヴァインハイムで働く場所を探した。

ヴァインハイム。僕にとって、特別の響きを持つ街だ。ここにドイツでも最高峰の製パンのマイスター学校がある。

パンの道に入ってすぐのころ、日本の『B&C』という製パンの専門誌に、この学校の記事が載っていた。どうしても本場で修業したいと思っていたのですぐに発行元のパンニュース社に手紙を書いて、この学校の資料はないか問い合わせた。

すぐに当時の社長だった西川多紀子さん（故人）直々にドイツ語で書かれた学校案内のコピーとメッセージが送られてきて、驚いた。そこには「ドイツ語の案内しかないけれど、これからドイツで修業するつもりなら、これくらいのものは自分で訳せないとダメですよ」ということ、そして「頑張ってください」とも書かれていた。

それ以来、他のマイスター学校ではなく、このヴァインハイムの学校でマイスターを取るのが僕の目標になった。どうせなら、最高峰の学校でチャレンジしたかった。

そのために、この地でゲゼレ（職人）として働くパン屋を探したが、なかなか見つからなかった。僕が手仕事のパン作りをしているところにこだわったからだ。ゲゼレを募集をしているパン屋を片っ端から見学させてもらって、どのようなパン作りをしているのか実際に見せてもらった。

やはり、機械による大量生産をしているパン屋ばかりだった。

やむを得ず範囲を拡大して、結局ヴァインハイムから40キロほど北東にあるエーバーバッハというネッカー川のほとりの小さな街で働く場所を得た。

この店は本当に小さな家族経営の店で、生地の分割、丸め、成形をすべて手作業で行っていた。りんごのタルトを作るときは、まず庭に行ってりんごを穫ることから始まる。それが当たり前といった感じで、それをあえて宣伝することもない、そんな店だった。

そしてビオ（Bio）のパン、つまりオーガニックのパンを焼いていた（→Memo）。

オーガニック。その歴史は1920年前後にさかのぼ

Memo

ビオのパン
（オーガニックのパン）

ドイツではオーガニック食材は「Bio（ビオ）」と表示される。1990年代後半の修業当時、ビオのパン屋は少数派ではあるが増加傾向にあった。「ビオのパン」と表示して販売するのは、材料の95％以上がオーガニックであることが必須で、オーガニック認証団体（→79ページ）の承認も得なければならなかった。

る。この当時、すでに食の安全性について、疑問を投げかけた人々がいた。なかでも、とくに有名なのが神秘思想家のルドルフ・シュタイナーだ。

彼らは、農薬や化学肥料を使用する農業を批判し、自然な栽培法を提唱した。そして精製されていない食品を摂取することを勧めた。

1999年に出たドイツのオーガニックの製パンの本に、その理念が書かれている。

――環境保護、消費者保護、マーケット・プロフィール、伝統的な手仕事の保護――

僕は、まさに伝統的な手仕事がしたかった。

*

そのようなわけで、僕はエーバーバッハの「ベッカライ・ケーニッヒBäckerei König」で働き始めた。ゲゼレになったので、見習いのときに比べると経済面では劇的によくなった。月収は500マルクから2300マルクになった。

ただし、生活の質はなるべく変えないように努めた。このあとマイスター学校に通うためにはお金がかかる。それまでの職業学校の学費は無料だったが、マイスター学校はそうではない。しかも期間は半年間で全日制のため（1年かけて通う夜間の部もあるが、ヴァインハイムは全日制のみだった）、その間の生活費も貯める必要があった。

さて、ケーニッヒでの仕事のことだが、店には製粉機があった。

小麦を粒（玄麦）で仕入れて、自分で挽く。初めて「自家製粉」という概念を知った。

当時、小麦は小麦粉で仕入れるものと思っていたので強く印象に残った。仕事はほとんどが手仕事だった。

ここにはサイロから自動でミキサーに粉が注がれる装置や、成形機といったものはなかった。発酵を終えた生地を作業台に移し、手作業で分割し、丸めて成形する。日本では当たり前だった毎日の手仕事をようやくドイツでも経験することができた。

ケーニッヒは、なかでも「丸め」や「成形」の仕方が独特だった。

ドイツでは、片手に一つずつ生地を持って上から押すように丸める「押し丸め」というやり方が一般だが、この地方の丸め方は独特だった。右手で生地を作業台に叩きつけて、素早く左手でめくり上げ、角度を少し変えて再び右手で叩きつける。

普通の押し丸めに比べて一度に一つの生地しか扱えないという欠点はある。しかし、生地を作業台に叩きつけることにより、グルテンがゆるみ、丸めのあと、そのまますぐに成形に移ることができた（→Memo）。また、生地が手にふれている時間が短いために、他の方法では扱えないような柔らかい生地も丸めることができた。

ドイツらしく、手順、やり方は厳格に定められていた。少しでもそのやり方からずれると、シェフのカミ

Memo

生地の丸めと成形

丸めは、生地を理想の形に成形しやすくするための大事な工程だ。丸めるという物理的な刺激によって発酵後の生地内の気泡が細かく均一になり、同時に酵母の働きが促進される。グルテンの構造が強化されて生地が硬くなるので、通常は生地を休ませて（ベンチタイム）グルテンをゆるめてから成形に移る。ケーニッヒでは、丸めながら生地を叩きつけてグルテンをゆるめていたので、すぐに成形に移れていた。

ナリが落ちた。

シェフはひどく短気で、すぐに怒鳴るので仕事中は皆ピリピリしていた。僕が面接で店を訪ねたときも、地下の工房から罵声が聞こえてきた。面接中に「自分はすぐに怒鳴るが、5秒後には忘れてるから気にしないでくれ」と言われた。

ただし、人間的にはとてもいい人だ。怒鳴るのは仕事のときだけで、本当に5秒後には何事もなかったように、普通に戻っていた。普段は穏やかで紳士的で、仕事のことだけでなく、生活面や体調のことなどを、いつも気にかけてくれた。

それでもいつシェフが怒鳴るかもしれないという緊張感がただよう職場は、あまり居心地がいいとも言えなかった。

ある日のこと。

成形後の生地を休ませるための長さ2メートルほどの長細い木製の箱に、「ブレートヒェンBrötchen」(→Memo)を並べる作業をシェフがしていた。

並べ終わると、シェフが無言で箱の一方の端を持つ。一人では持てないので、そばにいる誰かが手伝わなくてはいけない。反対の端っこのそばに僕はいた。僕はもう一方の端を持って、箱を移動させるのを手伝わなくてはいけなかったのだが、そのとき、僕はシェフ

Memo

ブレートヒェン
Brötchen

小型パン「クラインゲベック
Kreingeback」の1種。
小麦粉90に対して、
油脂と糖類の合計10以下の配合、
生地の重さ250g以下と決まっている。
ドイツの店では朝食用に朝一番に
焼き上げる、てのひらサイズの
小麦のパンを指す場合が多かった。

に気がつかなかった。

シェフが「気づけよ」とばかりに、その箱で僕をこづいた。

ピリピリした雰囲気の中で、僕もストレスが溜まっていたのだと思う。こづかれたことで、それが一気に噴き出した。気がついたら、僕はその箱の端をつかんで、力いっぱい床に叩きつけていた。成形の終わったブレートヒェンが飛び散った。周りが一瞬、凍りついた。シェフが信じられないといった顔をして、首を振りながら工房を出て行った。

そのあとの仕事のことは覚えていない。

記憶に残っているのは、「もうすべて終わった」と思ったことだ。

すぐに僕は解雇されるだろう。あんなに苦労して滞在許可を取ったのに、それも無効になる。こんな辞め方をしたらどこも僕を雇ってくれないだろうし、なによりマイスターを取る目標も達成できないのかと、目の前が真っ暗になった。

その日、帰ろうとしたらシェフに呼び止められた。

「俺が悪かった。許してくれ」

クビになるとばかり思っていたので意外だったし、同時にホッとした。

こんなことでマイスターを諦めたら悔やんでも悔やみきれない。

その日のことがきっかけで、シェフとはよりよい関係を築けたと思う。なぜだかその月は給料も多かった。理由を尋ねると、「ボーナスだと思ってくれ」と言われた。

以来、シェフの僕に対する接し方も変わった。もともと、仕事以外のときは紳士的だったが、仕事中も怒鳴ることがいっさいなくなった。これに関しては、他の職人たちに対して申しわけなく思った。彼らは相変わらず怒鳴られまくっていたからだ。

少なくともここドイツでは、ときとして感情をぶつけ合うことが必要であると学んだ。そういえば、日本人研修生を受け入れた経験を持つドイツ人の経営者から、「日本人は何を考えているのかわからない」と言われたことがある。

たしかに日本人は、波風を立てないで仲良くやっていくという傾向がある気がする。嫌なことがあっても表に出さないのが大人ということらしい。

僕も最初は自分の感情を抑えていたと思う。でも、しばらく暮らしているうちに、この国では自分の意見をはっきり言わないとやっていけないということがわかってきた。

この件に関しては少々やりすぎたとも思うが、皆がシェフの顔色をうかがうような職場環境ではむしろよかったのかもしれない。

なお、このゲゼレ（職人）だった時期に古書を参考に自宅でパンを作るなかで、パンの製法について大きな発見があった。それについては後述したい（→154ページ）。

＊

話はそれるが、このころに印象に残っている思い出がある。

ケーニッヒで働いていたとき、有名なグルメ誌『DER FEINSCHMECKER』が優れたパン屋をドイツ全土から500軒選ぶという特集を組んだ（→Memo）。僕が住んでいた地域からはたった2軒しか選ばれなかったが、そのうちの1軒がベッカライ・ケーニッヒだった。

そしてもう1軒がハイデルベルクにある「ベッカライ・ゲーベスBäckerei Göbes」というパン屋だった。ブレーツェル（Brezel）がとてもおいしい店で、僕もときどきパンを買っていた。

この店では、松元昭憲君というパン職人の友人が働いていた。

松元君とはその前年、カールデュイスベルク協会の会合を通じて知り合った。当時僕はまだドレスデンで、彼はケルンで働いていた。アドレスを交換したものの、地理的にかなり離れていたこともあり、そのままご無沙汰になっていた。

職人試験が終わってゲゼレ資格を取得したあと、僕は次の職場探しのために休暇を取り、西へ向かった。その際、彼の職場も訪ねるつもりでアドレスのメモを財布に入れて出発した。

いくつか街を見て回ったあと、松元君を訪ねようと駅でケルン行きの列車を待っていた。あらためてメモを見ようとしたら、財布に入れたはずのメモがない。服もリュックも隅々

Memo

グルメ誌のパン特集

ドイツで修業した1990年代後半は、機械化と大量生産が進み、パンの品質が低下していたが、少しずつ手仕事のパン屋が見直され始めた時代でもあった。今思えば、有名なグルメ誌で特集されていたパン屋の記事も、手仕事の店に初めてスポットをあてた企画だった。

まで探しても出て来なかった。不覚にも店の名前も覚えていなかった。呆然と立ち尽くしていたら、ちょうど列車がホームに入って来た。それは、ハイデルベルク行きの列車だった。

このままケルンへ行っても仕方がないと思って、急きょ僕はその列車に乗り込んだ。どのみち、ハイデルベルクにも行こうと思っていたのだ。それから3時間ほどしてハイデルベルク中央駅に到着した。

とりあえず一息つこうと駅のベンチに腰かけた。なにげなく隣を見ると、なんと松元君がそこに座っていた。彼も驚いていたが、僕はもっと驚いた。彼は彼で次の職場を探しに休暇を取って来ていたのだ。そのあと、彼はハイデルベルクのゲーベスに、そして僕はそこから列車で30分ほどのエーバーバッハのケーニッヒで働くことになった。

そのような縁もあり、年齢も同じで気も合ったので、よく一緒にインビス（気軽に食事ができる軽食屋。トルコ人やギリシア人の経営者が多い）やカフェに行って、職場のことや今後のこと、あるいは、たわいもない馬鹿話をした。

彼はいつも古いくたびれた自転車に乗っていた。

その彼が、ドイツでの修業を終えるときに、もういらないからと自転車を譲ってくれることになった。ハイデルベルクで彼と最後に会ったときに、僕はその自転車を受け取った。それは彼が乗っていたときとは別もののように、隅々までピカピカに磨き上げられていた。

その後、松元君はフランスでも働いて、今は鎌倉で「ベッカライ・ジーベンBäckerei Sieben」という店を開いている。今でもときどき連絡を取り合う大切な友人だ。

ヴァインハイムのマイスター学校

ケーニッヒでは1年間だけ働いて、ヴァインハイムのマイスター学校（Meisterschule）に通うことにした。ゲゼレ（職人）として1年の経験を積んだので、僕はもうマイスター試験を受けられる。

じつはずいぶん迷った末の決断だった。

僕のドイツ語に問題があったからだ。ドイツに来て3年ちょっとがたち、もちろん日常生活には問題なかったし、仕事でも支障はなかった。ただし、僕のドイツ語は日常会話以外は、かなり製パン関係のものに偏っていた。そのころになると、専門書は問題なく読めるようになっていたが、新聞や雑誌はそんなに理解できなかった。

マイスター学校の授業も、製パン理論は大丈夫だが、法律や経済は難しいだろうと思っていた。

ケーニッヒのシェフにも残って欲しいと言われていた。僕としても、もう少し働きながらドイツ語を勉強して、それからマイスター学校に通った方が賢明に思えた。

一方で、いつも滞在許可のことが気になっていた。

僕の滞在許可は毎年更新する必要があり、次の年もこの国にいられる保証はまったくなかった。せっかくゲゼレとしての修業期間を3年から1年に短縮してもらえたのだから、滞在許可のあるうちに早くマイスターを取ってしまいたいという思いがあった。

滞在許可の更新の際に行く外国人局は、ひどいところだった。何かと難癖をつけては、書類を突っ返す。何度も粘り強く足を運んで、やっとサインをしてもらい、滞在許可をもらう。窓口の担当者の機嫌次第でその人の運命が変わってしまうこともあり得る。あからさまに担当者に土産ものを渡している連中もいた。

ハイデルベルクで滞在許可を更新したときのこと。

エーバーバッハのケーニッヒで働くことが決まったときに、僕は管轄しているハイデルベルクの役所に電話をかけた。その当時はまだドレスデンに住んでいたので、事前に必要書類などを確認するためだった。

対応した役人が、「とくに何も必要ない。パスポートだけでいい」と言ったので、僕はパスポートを持って更新の手続きのためハイデルベルクへ向かった。所要時間はＩＣ（特急列車）で8時間くらいだ。

ところがハイデルベルクの外国人局に行くと、窓口の男がパスポートを見ながら「ゲゼレンブリーフ（職人認定証）を出せ」と言ってきた。

僕は唖然《あぜん》とした。

そんなの聞いていない。事前に電話で確認したじゃないかと食い下がったが、男は意地悪そうに「俺の知ったことじゃない。とにかくゲゼレンブリーフがないなら手続きはできない。滞在許可の有効期限は明後日までだから、それまでに持って来ないと、ドイツから出て行ってもらう」と言い放った。

こいつをぶん殴ってやりたかったが、思いとどまり、僕はすぐにドレスデンに向けて出発した。8時間かけてドレスデンの家に帰ると、ゲゼレンブリーフをかばんに入れて、その日の夜行で再びハイデルベルクへ向かった。

なんという無駄な作業だ！

日本に帰ってきてから、なじみのインド料理店のシェフにこの経緯を話し、「ドイツの外国人局はまったくひどいところだったよ」と言ったら、「日本も同じだ」と言われた。自国民は知らないだけで、案外どこもそんなものかもしれない。

*

話を戻そう。

マイスター学校では、半年間、朝から夕方まで授業がみっちり詰まっていた。

想像はしていたが、授業は大変だった。勉強しなければならない教科が多く、当然、職業学校よりレベルは高かった。学生も皆、意識が高く、やる気のある人間ばかりだった。

4つの試験区分のうちの一つである「経済・経営・法律・簿記」の授業は、僕のドイツ語レベルではダイレクトについていくことができなかった。家に帰ってからもう一度教科書を最初から辞書を引きながら調べないと理解できない。そしてその範囲は膨大だった。この教科書だけでも500頁を超えていた。試験はまんべんなく出題されるとのこと、他にも製パンの実技や理論、教授法の試験があり、しかもそれらすべてを半年でこなさなければならない（→Memo）。

Memo

マイスターの試験

4つの試験区分Teil1（製パン実技）、Teil2（製パン理論）、Teil3（経済・経営・法律・簿記）、Teil4（教授法）、これらすべてに合格すると国家資格「製パンマイスター」を取得できる。4区分別々でも受験できたが、ほとんどの職人はマイスター学校の卒業と同時での合格を目指していた。

僕は途方に暮れてしまった。

ストレスから体重も一気に落ちた。でもこれをクリアしなければ、目標のマイスターにはなれない。マイスター学校での半年間は押しつぶされそうになるプレッシャーとの戦いだった。

そう、だから見習いのころに通った職業学校（ベルーフスシューレ）のような、あとになって懐かしくなるようないい思い出がない。あるのは苦しかった思い出だけだ。

早朝から夜遅くまで勉強と実習の毎日。自分で進んでやってることではあるが、ある意味パン作りに直接関係ない、自分の興味のない科目に足を引っ張られるのは精神的にきつかった。

2001年に取得したマイスターブリーフ（マイスター認定証）。

マイスター試験に合格した日のことを覚えている。もうドイツ語で法律や経済などを勉強しなくてもいいんだという安堵感だけだった。これからは再び、自分の興味のある分野を勉強しようと思った。

それでもその後、ずいぶん長い間、折にふれてマイスター学校の夢を見た。夢の中ではまだ試験が一つ残っていて、僕は試験日に遅刻しそうになり、全力で試験会場まで自転車を漕ぐ。そこで目が覚めるのだが、試験がすべて終わっていることを確認するとホッとしたものだ。ありがたいことに、最近はこの夢は見ない。

日本にいたころから目標にしてきたというのに、マイスターになった喜びというのは、次の日にやっと実感がこみ上げたくらいだ。

何かの称号を得たからといって、自分が変わるわけではない。

それは成人式に出席したときのようなある種の居心地の悪さに似ていた。成人おめでとうと言われたところで、こんな自分が大人って呼ばれていいの？　と思ったのだ。昨日までと何一つ変わっていないのだから。

あるいは、そのときと同じで、これを機に自覚を持てということなのか。

＊

マイスター学校を卒業したことで、形式上は製パンに関する学習を一通り終えた。でも僕はまだ残って、修業を続けるつもりだった。

ドイツへ来る前は、マイスターになることが目標だった。マイスターを取れば、技術も知識も充分なものになるだろうと思っていた。

でもドイツへ来てからは、それだけでは不充分だと考えるようになった。僕はもっともっと深いところを知りたかった。本当の意味での実力、本当に通用する何かをまだつかんでいない。

それが実感だった。

たとえて言えば、数々のコンテストで受賞歴があり、華やかな経歴を持つシェフの実力もたしかに素晴らしいと思う。でもそういったものとは無縁で知名度もないが、それでもひっきりなしにお客さんが来るような店の凄腕のシェフ、僕はそんな実力を求めていた。

ここで満足してしまえば、それこそ経歴だけになってしまう。

形だけではなく、中身を充実させたい。

何かをつかむまでは帰れない。

コンスタンツのパン屋

僕はすぐに次の修業先を探し始めた。オーガニックの、それも手仕事のパン屋に絞って。

他の国でも働こうと考え、スイスを訪ねた。以前旅行したときにパンの品質が高いと感じていたからだ。

オーガニックの人気店を集めた本で知り、興味を持った北部アールガウ州の州都、アーラウにあるパン屋に交渉した末、働かせてもらえることになった。しかし、店側の承諾は得ても役所がまったく相手にしてくれなかった。労働許可が取れないのだ。スイスで働くのは難しいと聞いてはいたが、本当に何回トライしてもダメだった。

仕方がないので、再びドイツへ戻って仕事を探すことにした。スイスとの国境にある街、コンスタンツへ向かった。ボーデン湖のほとりにある温暖で美しい街だ。

あてはまったくなかったが、とりあえず市内をぶらぶらしてパン屋を見て回ることにした。駅を出てすぐに市街地に入り、なにげなく細い路地を入ったら、とても小さなオーガニックのパン屋があった。入ってみるとパンの種類がとても少ない。

とても繁盛しているらしく、次から次へとお客さんが来ていた。

このときに気づいたのだが、僕がいいなと思う店は、ほとんどの場合、パンの種類が少なく、どれも見た目がシンプルだ。

そしておいしい。

僕もその店に入り、レーズンの入った小さなパンを買ってすぐに食べた。

おいしい!

明らかに他と区別できるおいしさが、そのパンにはあった。オーナーがいたので話をした。とてもフレンドリーでやや身振りがオーバーな人だった。これまであまり出会ったことのない雰囲気を持つパン職人だった。

僕が仕事を探しに来たこと、この街で最初に入ったパン屋であることを話すと、まずは他の店も見て回って、気に入るところがなかったら、もう一度来なさいと言ってくれた。

幸先のよいスタートだ。

自分の中ではすでにここがいいと思ったが、一応は言われたとおり他の店も回ってみた。他の店はいわゆる普通のパン屋だった（→Memo）。品ぞろえもパンの味も。

再び最初の店に戻って、「ここで働きたい」という意志を告げた。あっけなくOKをもらって一安心した。

Memo

ドイツのパン屋

ドイツの一般的なパン屋は、
50〜60種類ほどのパンをそろえ、
量り売り、対面販売の店が多い。
ライ麦、小麦ともに大型パンの種類が
多い点でも日本のパン屋と大きく違う。
少数派のオーガニックのパン屋は、
パンのバリエーションは少なめ、
全粒粉パンの比率が高い傾向にある。
なかでもコンスタンツの店は、
とくにパンの種類が少なく、
ナマコ形か丸形の大型パンばかりで、
一風変わった店だった。

＊

ところがいつから働き始めるとか、契約のこととか具体的な話になると、なかなか話が進まない。いつもまぁまぁみたいな感じではぐらかされた。

このときに何かおかしいと思わなかったのは僕のミスだ。

それでも何度も掛け合って、やっと具体的なことが決まった。

僕はまた役所に行って滞在許可と労働許可の申請をしたが、今までのことが嘘のようにすんなり許可が下りた。マイスターになって単なる外国人出稼ぎ労働者とみなされなかったこと、マイスター学校の校長先生が推薦状を書いてくれたことも大きかった。

窓口の女性もフレンドリーで、「外国人でマイスターを取るなんてすごいことね」と言ってくれた。他の連中もこんな人ならよかったのに。

そのパン屋はとても有名らしく、役所の人や口座を作りにいった銀行の人にまで、あそこのパンは本当においしいと絶賛された。

ところが引っ越しもすませて、いざ働き始めると、ラミンという同僚が僕に忠告してきた。タイムカードはコピーをとっておけ、と。

「オーナーはすぐにごまかすから、給料をもらったら働いた日数と時間とを計算しろ」と言った。彼は店を辞めるときに訴えるつもりらしい。

僕は時間給ではなかったのでコピーはとらなかったが、給料日を過ぎても給料が振り込まれなかったので、しばらく待ってオーナーに言いに行った。

すると彼は澄ました顔で、「もう振り込んだ」と言った。

ひょっとして僕が間違ったのかと思い、銀行に確認したが、やはり振り込まれていない。もう一度言いに行くと、やっと払ってくれるといった感じだ。

オーナーが信用できないことはわかったが、このラミンは信頼できた。彼は、アフリカのガンビア出身で、もともと船員だった。ある事情からドイツへやって来たのだが、そのときに滞在許可の取得を手伝ったのがどうやらオーナーらしい。そして自分の店でしか働けない許可証を与えた。こうすることで、待遇面で悪くてもよそには移れない。

僕の知る限り、ドイツでは外国人だからといって給料で差をつけることはない。見習いは見習い、職人（ゲゼレ）は職人で給料の協定があり、外国人であろうと関係なかった。ようするにここのオーナーは例外だ。ラミン曰く、この半年間で5人働き始めたが、皆辞めた、と。

ラミンとは仲良くなった。店のこともいろいろと聞いた。

オーナーはオーガニックの店をやっているだけあって、若いころは精神世界に興味を持ち、インドを放浪していたらしい。女性関係が派手で、一時期ドラッグにも手を染めていた。その後なんとか立ち直り、親が経営していたパン屋を継いだ。もともとはオーガニックの店ではなかったが、彼の考えでオーガニックのパンのみを焼くようになった。

人間的にはどうしようもないヒドイ人だが、感情抜きで仕事のみに目を向けると、特筆すべき点がいくつもあった。

まず「仕込み」。生地の種類を絞り込み、そのぶん、同じ生地を一度に大量に仕込んでいた。そのため、仕込みの時間がよそと比べて格段に短かった。

それから「吸水」。ミキシングから成形まで機械化した作業でも扱いやすい（機械耐性がよい）ように、水分の少ない硬めの生地が一般的なドイツにおいて、ここでは生地の吸水を増やして非常に柔らかい生地を仕込んでいた。生地によっては、柔らかすぎて丸めができないので、手粉の代わりに水を使った。

そして「発酵時間」。当時、ドイツではノータイム法（発酵時間をほとんどとらない製パン法）が標準だったが、ここでは一次発酵に3時間かけていた。しかも、前日から発酵させたポーリッシュ種（→Memo）も併用していた。

最後に「成形」。型に入れるパンは成形をしないで、分割後、そのまま型に入れていた。生地がとても柔らかいので二次発酵の間に膨らんで型いっぱいに広がり、自然に形が整う。パンの見た目はお世辞にもきれいとは言えなかった。バゲットも分割した生地をそのまま伸ばすだけだったので部分的に太かったり細かったり、長さも不均一だった。そのため手仕事でも、成形にかかる時間がとても短かった。

こうしたことによって、添加物に頼らずに品質のいいパンを、短い労働時間で焼き上げていた。それまでたくさんのパン屋の工房を見学させてもらったが、そんな店は初めてだった。

生地の発酵にとても時間をかけるのは、パンの味に決定的な影響を与えるからだ。吸水

Memo

ポーリッシュ種

生地全体に使う20～40％分の
粉とイースト少量、粉と同量の水を
混ぜて発酵させた液状の中種のこと。
この種を使ったパンの製法を
「ポーリッシュ法」という。
コンスタンツの店のオーナーは
フランス修業の経験があるためか、
ドイツでは一般的ではなかった
この製法を取り入れていた。

を増やせば、焼き上がったパンはみずみずしく、日持ちする。扱いにくい生地ではあるが、それ以外は、まったくといっていいほど無駄を省いていた。すべてがシンプルだった。ほとんどが大型のパンで、小型のパンは少なかった。バターを折り込むデニッシュやクロワッサンなど、手のかかるパンはいっさい焼いていなかった。小さなレーズンのパンが唯一、おやつに食べられそうな甘いパンだった。

ひっきりなしに来るお客さんが、この店のパンの品質を物語っていた。これまで僕が働いてたドイツのパン屋では、バゲットを焼くのはせいぜい1日20本くらいだったが、ここでは400本も焼いていた。隣の国スイスからもたくさんの人たちが、ここのパンを求めてやって来た。

＊

僕は初めて日本でパン職人として働いた日から、「パンの品質」と「労働時間」についてはずっと考えてきた。見習いだった当時は、店のやり方を受け入れる以外に術《すべ》はなかった。マイスターとなった今、自分は品質と時間を両立させる方法を知識としても知っているし、それを実際に実現できる技術も身につけている。

毎日の仕事のなかで、進歩を実感できることは極めて稀だが、長いスパンで過去を振り返るとき、昔はできなかったことが今は当たり前のようにできるということがある。コンスタンツの店では丸めや成形などの具体的な手仕事の技術、発酵の見極め、製パンに関する包括的な理論など、バラバラだった知識と経験がいつの間にか有機的に結びつき、仕事をスムーズにこなすための合理的な段取りをとれるようになっていた。

ようやく、少しは成長したのかなと思えた。

このように学ぶことが多い店だったのだが、結局、半年間しかいなかった。毎月のように給料の支払いが遅れ、それ以外にも小さなトラブルが重なったからだ。

たとえばこんなこともあった。普段は2〜3人で分割、成形する400本のバゲットを、ある日、僕が一人ですべてを成形しなければならなかった。

僕はていねいな仕事を心がけた。ところが焼き上がったパンを見て、オーナーは「こんなきれいなバゲットは教科書や雑誌の写真撮影用だ！」と怒鳴りちらした。

工房が粉だらけだったので大掃除をしたときも、なぜだか「あまりきれいに掃除するな」と言われた。まったく不可解だ。

他にもいろいろあったが、最後はオーナーと店で大げんかして辞めた。とても後味の悪い終わり方だった（だから店の名前は書かず、〝コンスタンツの店〟としておく）。

偶然にも最後の出勤の日となった朝、目覚まし時計を止めたら壊れてしまった。

そのときは「今日のうちに買いに行かないと」と思ったが、その必要もなくなった。

ミューレンベッカライ・ユルゲン・ツィッペル

ドイツで最後に働いたのは、ケルン郊外のツルピッヒという小さな町だ。「ハウス・ボルハイムHaus Bollheim」というデメター（Demeter）のオーガニック農場の中にある、小麦畑に囲まれたパン屋だった。デメターはルドルフ・シュタイナーという神秘思想家の考えのもとにできたオーガニックを認証する組織（→Memo）の名前だ。農場では彼の打ち立てた有機農法の一種、バイオダイナミック農法を実践していた。

店の名前は「ミューレンベッカライ・ユルゲン・ツィッペルMühlenbäckerei Jürgen Zippel」。工房では有機栽培した麦を自家製粉した全粒粉だけでパンを作っていた。

Memo

ドイツのオーガニック認証団体

ドイツには「デメターDemeter」の他、「ビオランドBioland」や「シュニッツアーSchniizer」など多くのオーガニック認証団体がある。なかでもデメターは、1924年に商標登録されたもっとも歴史のある古い組織。ことに安全基準が厳しく、EUのオーガニック規定よりも厳しいことでも知られている。

生地の仕込みに牛乳が必要ならば、農場で飼育している牛から搾りたてのものを使い、チーズも農場内にあるチーズ工房で作られたものだった。家畜の糞尿は麦畑の肥料に使われていた。

このパン屋のことはずいぶん前から知っていた。

というのは、ドイツに修業に来ていたパン職人の友人、澤田朋明さんから何度もシェフのユルゲン・ツィッペルについて話を聞いていたからだ。

澤田さんは僕の1年後の1998年に、やはり日本カールデュイスベルク協会を通してドイツへ来た。初めて会ったときはほとんど挨拶程度しか話をしなかったが、それから1年以上たって、不意に彼から電話がかかってきた。職人試験を前にしていたらしく、どんな感じか知りたいとのことだった。

しばらく話をしてみると、かなり個性的でクセはあるが（失礼！）、とてもいい人だとわかった。彼は僕とパンの理論の話ががっちりと噛み合った初めての人だった。ドイツに修業に来ているものの、フランスのパンや文化にも造詣が深く、とりわけワインのこととなると、その博覧強記ぶりに圧倒された。

会うと話は尽きなかった。

彼の自宅で夜更けまで議論をしていて、隣人から苦情がきたこともある。パン職人として僕のもっとも古い友人でもあり、同じヴァインハイムでマイスター学校で学んだ盟友でもある。

彼には海外での生活の方が肌に合っているのだろう。今もドイツのオーガニックのパン屋でシェフとして働いている。

＊

澤田さんの話のなかで僕の気を引いたのが、大きな生地の「丸め」についてだ。シェフのユルゲンが丸め終わった生地をテーブルに並べると、明らかに他の職人とは違うと言う。僕は少なからず丸めには、興味を持っていた。たくさんの数を成形するときは、その前段階の丸めをいかに速く、きれいな形に整えるかで、最終的なパンの仕上がりが変わる。最初の修業先のヴィプラーで初めて押し丸めを、2店目の修業先のケーニッヒではその地方独特の丸め方を学び(→59ページ)、日本で学んだ方法と比較してドイツで一般的な「押し丸め」がいかに合理的かを感じていた。

たとえば日本では生地全体をてのひらでおおうようにして丸め、とじ目が下にくるように丸めるのが一般的だ。このやり方では、小さな生地は二つ同時に丸めることができる。ただし、ある程度以上の大きさになると、片手ではおおいきれないので両手を使って一つの生地を丸めることになる。

一方、ドイツの押し丸めは、とじ目がつねに上にあり、上から押すようにして丸める。生地全体をつかまないので生地が大きくても、コツさえつかめば、二つ同時に丸めることができる。丸める作業の時間が短縮できるので、より合理的に仕事ができる。

僕は、この丸め方を学べて本当によかったと思うが、人によって丸め終えた生地が何か違うということ、ましてや技術の違いを実感することはなかった。

いったいユルゲンの押し丸めは、何がどう違うのだろう?

澤田さんには、他にもいろいろ聞いていたが、コンスタンツの店を辞めて次の職場を探していると話をしたら、「ユルゲンの店を訪ねたらいい」と提案してくれた。しかも車を出して一緒に連れて行ってくれるという。最寄り駅から10キロ以上あり、バスも1日に1本しかないような場所だったので（あとにそれも廃止になった）、とてもありがたかった。

＊

ユルゲンに初めて会った日のことはよく覚えている。

第一印象は、哲学者、もしくは賢人といったところだ。

黙ってそこにいるだけで、ただ者ではない何かを感じた。それは僕だけでなく、誰もが同じような印象を受けると思う。

ドイツ滞在中は著名なパン職人と会う機会が何度かあったが、彼らと比べてもユルゲンの存在感は別格だった。いろいろな意味で「本物のマイスター」だと直感した。

彼は、現代のドイツのパン作りはひどい状況にあること、そのなかで自分は、シュタイナーの考えにもとづいて、オーガニックのパンを、それも１００年前のやり方で作っていることを話してくれた。

そして１日、一緒にパンを作らせてもらった。

この時点で、僕はどんな生地でも、ある程度は扱えるつもりだった。

ところがこの店の生地は、とても難しかった。たとえば１１５０ｇに分割された大きな生地を作業台に押しつけるように丸めてみる。なめらかに伸びていくはずの生地が、すぐにべたついてきれいに伸びなかった。ソフトに扱っても生地はうまく丸まらない。

理由は、その年に収穫された小麦が、軽度の発芽被害を受けたものだったからだ。麦は収穫直前に長雨が降ると発芽し、酵素が活性化してデンプンやタンパク質を分解してしまう。そんな小麦を製粉して生地を作ると、吸水がとても悪く、生地がすぐ切れる、パンが膨らまない、焼いたときの色づきがとても速くなるといったことが起こり、うまくパンを作るのはとても難しい。だから普通は、発芽した小麦は流通しない。しかし、ここでは自家栽培なので、程度にもよるが、そんな小麦も使ってパンを焼いていた。

他の職人も僕と同じように、苦労していた。丸め終わった生地は、なんとか形にはなっていたものの、表面はざらついていた。そのなかで、ユルゲンだけが何事もなかったかのように生地を丸めていた。こんな生地なのに、表面もなめらかに仕上げている。

その光景は感動的だった。こういった技術を僕は求めていた。生地を丸める——たったそれだけのことで、違いを見せつけてくれた。

一通り生地を丸め終えたあと、ユルゲンは僕にこう言った。

「ここの粉を扱うことができれば、どんなところへ行ってもパンは焼ける」

僕は「ぜひともここで働きたい」と言った。

しかし、そのときは空きがなかった。いったんは諦めかけたが、なんと、わずか1週間後に職人が急に1人辞めたので働けることになった。

僕は運がいい。これまでも何度も運に助けられた。

相変わらず役所と揉めながらも、なんとか滞在許可と労働許可を取得した。

ユルゲンに学んだこと

ユルゲンと出会ったことで、「ここでは、何か違うレベルのパン作りが学べるかもしれない」と思った。

再び見習いから始めるつもりで、パン作りに取り組んだ。彼はシュタイナーの考えを、パン作りに取り入れていた。

最初、僕は製粉を担当した。

ユルゲンは自家製粉にこだわっていた。店名のベッカライの前に、「粉挽き」を意味するミューレン（Mühlen）をつけているところにも、彼の意志が感じられた。彼曰く、その昔、粉挽きは典型的な職人仕事だった。パンを作るのと同じように、粉を挽くという作業にも、彼なりの考えが表れていた。

工房ではオストチロル社の製粉機が2台フル稼働していた。自家栽培のライ麦と小麦だけでなく、スペルトやエンマーといった古代小麦も仕入れて製粉していた（→Memo）。

製粉は粉の温度が上がらないように、ゆっくりと、時間をかけて行っていた。

基本的にはどの麦も細かく挽いていたが、ユルゲンは指でつまんだときに、粉の粒子を感じられるくらいのものを好んだ。もちろん、農産物ゆえに収穫の年によって、麦の成分値は微妙に異なる。新しい麦に切り替わるときは、いつもユルゲンがチェックして、どのように挽くのか、皆に指示を出した。

粉を挽くという毎日の作業を通じて、麦の状態によって粗挽きにしたり細挽きにしたり、粒子の大きさを調節することを学んだ。

生地の仕込みを担当したときは、ミキシングの際「それのみに集中すること、それは瞑想であること」と教えてくれた。仕込みを始めるとき、彼は儀式としてローソクに火を灯した。「パン作りは、土、水、空気、火の4つの要素が必要だ」という観点からだ。土は小麦を育む土壌、空気は生地作り（ミキシングの際に生地に酸素を取り込む）と発酵活動（酵母によって作られる炭酸ガス）を表している。火は薪窯《まきがま》の炎を表しているが、今はガスの窯がその代わり、ということだった。

水は、いったん100リットルの水瓶に貯めて、一晩置いたものを使っていた。しかもそれを、棒でかき混ぜて渦《うず》を作り、突然反対方向にかき混ぜることで、水泡を作る。それを12回続けた。その間、12の星座を思い描き、瞑想をする。こ

Memo

古代小麦
Uralt Getreide

小麦の原種であるエンマーやスペルトなどの古代小麦で作るパンは、オーガニックのパン屋でよく見かける。ユルゲンの店では、それぞれ自家製粉した全粒粉で大型パンを焼いていていずれも特有の風味があった。ただしスペルト小麦は、全粒粉よりも精製した粉の方が風味が増すように思われたのが印象に残っている。

Memo
「水の攪拌」について

ドイツ滞在中、ニュルンベルクで
開かれたオーガニックの見本市を
訪れたとき、バイオダイナミック
関連のブースに水を攪拌して
“エネルギーを注入する”ための
巨大な機械を見たことがある。
こういったものまで機械化するのは、
いかにもドイツ人らしい。
はたして機械でそれを行って、
シュタイナーが意図した効果が
得られるのかは疑問だが……。

うすることによって、水にエネルギーを与えることができるらしい（→Memo）。

それが本当にエネルギーを与えるかどうかは、僕にはわからない。

わからないけれど、この合理的なドイツという国で、しかも、物質主義的な現代において、見えないものに対するユルゲンの取り組み方、その姿勢を尊敬した。

＊

澤田さんが言っていた大きな生地の「丸め」に関してだが、ユルゲンが丸め終わった生地を作業台に置くときに、他の職人との違いがよくわかった。

普通は丸め終えた生地を、とじ目を上にして作業台に置くと、とじ目がすぐにだらしなく開いてしまう。それを防ぐためにとじ目を指でつまむ方法もあるが、いったん丸め終わった生地をもう一度つまむのは、スマートではないと僕は思っていた。そもそも他の職人はそんなことは気にもしていなかったが。

ユルゲンは丸めの最後の段階で、一瞬、てのひらを生地の下に滑り込ませるようにして、見事に生地をとじてみせた。それ以外の作業には、他の職人との違いはそれほど感じられない。その、最後のほんのちょっとした差が、仕事の優劣をつけていた。

そしてそのちょっとしたことを習得するのに、僕はかなりの時間と労力を費やした。ユルゲンの動きが頭には残っているのに、どうしても丸める動作からとじる動作への一瞬の切り替えのタイミングがつかめなかった。

ある日、僕は仕事を終えて、近所の湖の畔をいつものようにランニングしていた。15キロほど走って、そろそろ帰ろうかと思い、最後のアップダウンの坂を超えて、なにげなく腕をプラプラさせたときに、突然そのタイミングをつかんだ。なぜだかわからないがそう確信した。

次の日、僕は丸めながらタイミングを逃さずに生地をとじた。何がどう作用したかはわからない。今まであれほど頑張ってもつかめなかったことが、一夜にしてできるようになった。

窯入れ前にパンの形を整える「成形」に関しても、丸めと同様にずいぶんと迷い、考えた。やり方は修業先によっていろいろとあった。

とりあえず、それぞれの修業先のやり方で仕事をこなしていたが、これも性分なのだろうか、僕はどれか一つのやり方に絞って、その一つの技術を深めたいと考えていた。

とくに大型のパンを成形する際、なるべく少ない動きできれいに仕上げたかった。だが、一つの問題を抱えていた。

大型のパンは、丸い形やナマコ形に成形するものが多い。

僕の場合、意識せずにナマコ形に成形すると、でき上がったパンが左右で太さが違うものになってしまっていた。なぜそうなるのか最初はわからなかったが、それは身体の歪みによるものだった。多かれ少なかれほとんどの人の身体は歪んでいると言われているが、僕の身体は相当にバランスが悪かった。

学生時代、陸上部でいつも同じ向きでトラックを走っていたために、左の脚が右に比べて短かった。また、走り方にも無理があったのだろう。よく故障をした。そのつどカイロプラクティックや整体に通ったが、「よくこんな身体で走っているな」と驚かれた。それほど僕は身体の使い方が下手だった。

もっともこの身体の使い方が下手だという自覚が、身体感覚への興味をもたらしてくれたとも思う。

実際、ドイツでも、カイロプラクティックで身体のバランスを整えてもらった直後は、生地の成形も左右バランスよく仕上げられるようになった。しかし、それは根本的な解決にならなかった。1週間もすればもとに戻ってしまった。

家でストレッチや歪みを正すための体操を試みた結果、それなりによくなった。それでも完全になることはなかったし、いつのころからか、それでいいと思うようになった。身体の歪みも自分の個性ととらえるようになった。

それよりもこの身体の状態で、きれいに仕上げるように気持ちを切り替えた。

いろいろな成形を学んだなかでも、ユルゲンの方法が、もっとも左右の歪みが出ないと経験を積むうちにわかった。それは見た目は地味なのに、じつはいちばん難しいものでもあった。

大型パンの生地をナマコ形に成形する際、通常は丸めた生地を軽く叩いてガスを抜きながら平らにする。奥から3分の1、手前から3分の1ずつ折りたたみ、さらにそれを2つ折りにして、上から両手で押しながら伸ばす。この最後の、押し伸ばす工程が問題だった。重心のバランスが悪かったために右手と左手の圧力に差があり、結果パンの形に左右差が生じた。

ユルゲンの成形は、生地のガスを抜くときは、上から垂直に力を加えるものの、伸ばして形を整える段階では、作業台と平行に力を加えていくために差が生じにくかった。生地を扱うときは、僕はなるべくユルゲンの横について、彼がどこに意識を向けているのかを必死に探った。

てのひらや指先で生地を丸めたりする成形は、一見小手先だけの動きのようだが、彼の動作は、腕、肩、肩甲骨、さらには腰から丸めていると感じられた。

そのことをユルゲンに話すと、彼は「もっと下の方、足から意識している」と言った。残念ながら僕はそこまでわからなかった。それでも、そのように全身を使うことが結果的に少ない動きで、きれいな生地に仕上げることにつながるのだと思い、とにかく自分の認識のできる範囲からの動きを心がけた。才能がないのは仕方のないことだが、絶対にものにしようとする強い気持ちで続ければ、近づくことができると信じた。

結局、ユルゲンのもとで2年半働いた。

*

ここでの経験は、いろいろな意味で強く印象に残っている。

マイスター制度の枠組みの中で勉強するパン作りとは別次元の知識、たとえば、月の満ち欠けのリズムに合わせて働くこと、物質の背後にあるエーテル体、アストラル体といった目に見えない存在を意識する、など。ただパンを焼いているだけではけっして到達できないであろう境地をユルゲンを通して垣間見れた。

僕自身は直接シュタイナーの考えを取り入れているわけではないが、見えないものに対する畏敬の念は持っている。実際、シュタイナー関連の本からも学ぶところはあった。

たとえば製粉は、麦を砕いて細かくして粉にすることだが、シュタイナーの考えでは、このときにエーテル体と呼ばれる物質の外側にある存在は壊さないようにしなければならない。かつて製粉は、人力で、やがて動物で、そして水力や風力で行われていた。それは自然な力だ。そこにはリズムがあり、自然のエネルギーが作用すると考えられた。

これに対して現代ではどうか?

すべては機械にとって代わられた。スピードが要求され、小麦はローラーミルで何段階にも分けて粉にされた。そこにはかつてのような自然のリズムはなく、でき上がった粉は、もはや生き生きとしたものではなくなった。シュタイナーは、それを「エーテル体が壊されている」と言うが、そのことを抜きにしても納得できるのではないか。

帰国後、ある製粉会社の技術開発担当の人からも、「ローラーミルで何段階にも分けて挽くと、小麦はダメージを受けてしまう。石臼の方が一度に挽くだけなので、香りも飛ばないのではないか」という話を聞いたことがある。

それだけではない。

健康なパンは、健康な土地からのみ生ずる、ということ。

そして、魂を探し求めること、精神の集中、瞑想、祈りのうちに生きることが、健全なパン作りの秘密だということ。農家も粉屋もパン屋もこの古《いにしえ》の秘密を、再び発見し、学び、それぞれの仕事に生かすときに、健全で素晴らしいパンができるということ。

このような記述を読むたびに、僕は何度も鼓舞された。

ユルゲンも、シュタイナーの話をよくしていた。内容は多岐に渡ったが、それは単なる知識の受け売りではなかった。彼自身の思想と言えるまでに昇華されていた。

精神論や技術論をいくら語ったところで、その人に実力がなければ説得力はない。ユルゲンの言動に影響力があるのは、彼が本当に力量を備えていたからだ。

僕も精神論に偏らないように、具体的な技術を意識して学んだ。丸めや成形だけでなく、ミキシングのときの加水の仕方、発酵の見極め、クープ（焼く前に生地の表面に入れる切り込み）の入れ方、焼成時に蒸気を抜くタイミングなど、山ほどあった。

こうした技術を深いところから学び取ることに全力を傾けた。

もちろん、精神論を軽視したのではない。個人的にはこの世の中には、科学では割り切れないことや神秘的なことは実際にあると信じている。シュタイナーに限らず、哲学や神秘思想に関連した多くの著作に惹かれ、かなり読み込んでいた時期もある。

だが、僕は多分に現実的な面も併せ持っている。

優れた仕事の本質を、神秘思想に結びつけるのは簡単だ。ただ、それによって技術を追求することがおろそかになるのは、あまりに怠惰なことのように思えた。

いくら精神論を語ったところでパンがお粗末であれば意味がないではないか。

＊

僕はユルゲンを尊敬している。

それでも彼と同じようにはしないだろう。

彼は彼の人生のどこかの時点で、オーガニックに出会い、シュタイナーの思想に出会った。日々の仕事を通じて、それを少しずつ自分のパン作りに取り入れてきた。そこにはどうしてもそうせざるを得ない内面の要求があったはずだ。それを真似したところで、所詮は表面的な借り物でしかない。たとえどんなに頼りなくても、僕は自分の考えでやってゆかねばならないと感じていた。

僕自身は、職業学校時代に出会った1900年代前半の古書から伝統的な製法を取り入れること、そして東洋の気の概念をパン作りに生かすことを考えていた。

古くから日本や中国では、意識の集まるところに気が集まるという考えがある。ならば丸めや成形といった生地に直接手をふれる作業のときに、てのひらに意識を集めれば、それが生地へと伝わるのではないか。少なくともその意識を持って作業をすることで、何かしらパンが違ったものになるのではないか。

そんなことをしても同じだと言う人もいると思う。

そうかもしれない。

でも何も考えずに丸めや成形を行うのは、単なる機械的な作業の繰り返しだ。自分の身体と生地を感じながらそれを行えば、創造的な仕事になり得るだろう。

以前の僕は、「伝統の継承」とは、個を押し殺して、前の世代のものをコピーするように学び取り、それを次の世代に渡すことだと考えていた。

今はそう考えていない。

いつの時代でも個人がそれぞれに最善を尽くして、過去のものを改良したり、新しいことを試みながら仕事は発展してきた。それでも歴史の大きな流れで見れば、そのような試みは誤差の範囲で収まってしまうものだ。

帰国

2004年、ドイツに来て7年を迎えようとしていた。

僕は10年をめどに帰国しようと考えていたが、3年前に結婚した妻の滞在許可が手違いから無効になってしまったので、日本で独立することを考え始めた。

この道を志した当時、店を持つことはまったく考えていなかった。ただ、パンを作り続けられればそれでいいと思っていた。経営は面倒だとも思っていた。

しかし、経験を積むにしたがって、自分の中で「こうしたい」という理想――どのようなパンを焼きたいのか、仕事のスタイルはどうするのか――が形作られてゆき、それを実現するには結局自分でやるしかないことがわかった。

僕は、パンを一人で焼こうと決めていた。自分の性格から何人かで分業するのではなく、自分の目と手の届く範囲の仕事をマイペースですることを望んだ。

同時に現実的に考えたとき、一人でパンを作れば製造部門の人件費が抑えられ、そのぶんを原材料に回せるとも思った。一般のものに比べてかなり割高なオーガニックの原材料を使いたかったので、それは重要なことだった。

小麦を自家製粉して、生地の発酵に時間をかけるとしても、仕事の工程を徹底的にシンプルにすれば、一人でも充分にこなせる自信があった。

店に並べるパンは、オーガニックの小麦を自家製粉した全粒粉100％のパンだ。日本のパン屋のスタイルとはあまりにも違う。売れるかどうかは、正直なところ自信はなかった。

僕は、歴史や伝統のあるパン作りを学ぶためにドイツまでやって来た。現行のマイスター制度にしたがったパン作りと並行して、1900年代前半の古書も参考にしながら自分なりにパンに対する見識を深めてきたつもりだ。

それは、日々の糧《かて》を得るためだけの仕事ではない。僕のライフワークとしての仕事だ。だから、日本でどういったパンが流行っているとか、こうすれば売れるといった、マーケティング的な発想がそもそもなかった。

そんなわけで、多くの人たちから支持を得られるとは期待していなかった。なんとか食べていければそれでよかった。

ただ、妻は違う考えだった。このようなパン屋は日本にないからこそ絶対に大丈夫、と確信していたようだ。欲しい人はいるのに、そんな店がないだけだと。

彼女はいつも物事をポジティブに考える。

もともとは花屋で修業するためにドイツへ来ていた。花の学校に通い、ゲゼレ（職人）になったあとはベルギーでも働いた。京都出身で、僕が最初に働いた宇治のパン屋のお客さんだったことがあとでわかった。たぶん縁があったのだろう。

独立に際しても、最初、僕にはためらいがあった。サラリーマンの家で育った僕は、起業をすることに抵抗があった。

はたして自分にできるだろうか？

ところが幸いなことに、妻は両親が商売をやっていて、僕とは反対に店を開くのがむしろ当たり前といった感覚を併せ持っていた。身近な人が商売をしているという事実が、僕の独立に対する精神的なハードルを下げてくれた。

店を出す時期についても、いろいろ考えた。もっと完璧な状態まで修業してからの方がいいのではないかとずいぶん迷った。

ただ、それではいつまでたっても店を出せなかっただろう。たとえあと10年修業したところで、僕の性格上、きっとまだまだと思うだろう。

ここは思い切りが必要だ。未熟なのは百も承知のうえで、「それでも最低限のことはやってきたんだ」と自分に言い聞かせて独立を決意した。

今まで吸収し、熟成させてきたことを、今度は外に出してゆく番だ。

修業をしながら学ぶことはたくさんあった。

これからは、店を経営しながら学んでゆこう。

２００４年９月１日、僕は妻と２人で帰国した。

仕事を続けるうえで
大切なこと1「ランニングと読書」

僕にとって「ランニング」と「読書」は趣味であり、それ以上のものでもある。

ランニングは学生時代は競技として打ち込み、会社員時代はストレス解消のために走っていた。ドイツ滞在中も仕事や学校が終わってからほとんど毎日走った。言葉もわからず、仕事もできないストレスやどうしようもない孤独感。慣れない異国での生活で、どれほど走るという行為に救われたことか。もし、ランニングという習慣がなかったら、僕は間違いなくドイツでの修業生活を乗り切ることができなかっただろう。

帰国し、店を開いて10年目を迎えた今も、週に5〜6日は走っている。最低でも10キロ、多ければ25〜30キロくらいまで距離を伸ばすこともある。天候や体調によって走れないときはエアロバイクを漕ぐ。

同業のパン職人たちから、「そんなに走る時間があるなら、もっとパンを焼けばいいのに」と揶揄《やゆ》されることもあるが、走ることをやめてしまったら、確実に仕事にも悪影響を与えるだろう。走るという行為は、僕にとって一種の精神安定剤にもなっているからだ。

読書もまた同じようなものだ。

仕事を終えて、午後から喫茶店で一人ゆっくりと読書を楽しむのは至福の時間だ。精神の糧《かて》になるような内容のものであればジャンルは問わない。

少し大げさかもしれないが、ランニングと読書は、僕がパン職人として仕事をしていくうえでも、生きていくうえでも必要なことだ。

読書が習慣になったのは、自然の成りゆきだった。

大学に入ってしばらくたった19歳のとき、僕はそれまで感じたことがない漠然とした、しかも強い不安に襲われるようになった。

何か直接的な原因があったわけではないが、それは自分の中のどこか深いところから来ているように思われた。

それまで、何一つ不自由のない環境で育ち、自分もそれなりに努力をして生きてきたとは思う。それなのに自分の生活すべてが、偽りではないかと思うようになった。言いようのない不安は「お前は本当にこのままでいいのか」と、僕に突きつけてきた。

僕には自分というものがない――これまでまったく考えてこなかったことが突如と

して現れ、それを解決するするまでは一歩も前へ進めなくなってしまった。

振り返ってみれば、僕は子供のころこそ、のびのびとして活発だったけれど、思春期に入ると、人と違うことをして、クラスで浮いた存在になることを無意識に恐れるようになった。

物事を自分の意思で決定するのではなく、周りの目を意識しながら決断する。いつしかそれが、当たり前になっていた。自分はただ表面的に生きてきただけで、中身は空っぽだ。19歳でそのことにはっきりと気がついたとき、ショックのあまり吐き気をもよおした。

今となっては、そのときに気づいてよかったと思えるのだが、当時の僕の精神力はありのままの自分に向き合えるほど強くはなかった。正面から問題と向き合わず、過去に対する後悔と自分を責める後ろ向きの発想が先に立ち、悶々とした日々を送るようになった。

いちばん悔やんだことは、19年も生きてきて社会で通用するスキルを何一つ身につけていなかったことだ。あと何年かしたら社会人になるというのに。

「それまでの人生、何してきたんだろう」と考えると、やりきれなくなった。そんな後悔ばかりの日々を送っているうちに鬱《うつ》のようになっていった。

自分は病気なのだろうか。

だんだん無気力になってゆくなか、さすがにこのままではまずいと思い、僕は本屋に行って、精神分析やカウンセリング、自己啓発といったジャンルの本を手当たり次第に手に取った。それまで本を読む習慣はなかったが、突如、猛烈な読書家になった。自分にとっての大きな問題を解決する方法が、本の中にあるように思えたからだ。いろいろと読んでいくと、それが青年期によくある特有の問題だとわかってきた。不安の正体は「いったい自分は何者なのだろうか」というアイデンティティに関するものらしい。でもそれがわかったからといって、問題が解決するわけではない。それでもカウンセリングや自己啓発の類いの本は、鎮痛剤の役目を果たしてくれた。本を読んでいる間は気分は落ち着き、その気分は読後もしばらく続いた。

しかし、1週間もすればまたもとの不安な状態に戻り、気分を落ち着かせるために、再び別の本に手を伸ばす。それを繰り返した。

社会人になって仕事上のストレスがかかると、本を読むだけではどうしようもなくなってきた。朝起きて、会社に行くのがとても苦痛だった。休みの日が来るのを指折り数えて過ごしていた。毎日、ストレスにつぶされそうになりながら、なんとか出勤している状態だった。

このままでは本当にダメになると、雑誌の広告に載っていたカウンセリングや気功体験セミナーに行ったりもしたが、何の効果もなかった。僕のような人間からなんとかしてお金を取ってやろうという姿勢が見え隠れするところばかりだった。

もっと根本的な解決策を探さなければ。

そう思った矢先、ある本で呼吸法やヨガ、真向法などのボディワークが紹介されていた。それらは身体だけでなく、精神も安定するとのことだった。

なかでも僕はとくに、4つの体操を組み合わせた「真向法《まっこうほう》」に興味を持った。

この時期に読んで感銘を受けた『人間らしさの構造』(講談社学術文庫)の著者、渡部昇一氏がこれを行っているとどこかで読んだ覚えがあったこと、4つの体操というシンプルさも魅力だった。

真向法の1番目の体操である、座って両足の裏を合わせて、腰を曲げる動作を行ってみた。身体はこわばっていて硬かったが、それでもゆっくり息を吐きながら行うと、背中に熱いものが流れるような感覚が起こった。心地よいというより、もっと激しいもので、それが何かはわからないけれど、過度なストレスによって枯渇していたエネルギーが充電されていく気がした。その日はその体操を何回も繰り返し行った。

効果はてきめんだった。

体操を終えたあとに感じた充実感は、本を読んで得られる昂揚感と同じ種類のものだった。翌日からは毎朝、出勤前にこの体操を行うようになった。すると1週間もしないうちに、会社に行くのが苦痛でなくなった。ストレスがなくなったわけではない。

それをしっかりと受け止められるようになった。

僕は「読書」と「体操」というまったく違う行為のなかに、本質的に同じものを感じ取った。一つ違っていたのは、本を読んで得られた昂揚感は時間とともになくなってしまうが、身体を動かして得られた感覚は持続する、ということだ。

体操を始めてからは、これから先もなんとかやっていけそうだと思えた。それどころか、もっと積極的に社会に関わっていけると思えるまでに考え方が変わった。

精神状態が回復すると、「仕事を変えなくては」と考えるようになった。

学生時代から感じていた不安は、自分という自我を確立できていないということだったが、同時に仕事に対するものでもあった。他の誰でもない自分にとって、真に納得のゆく仕事とはどのようなものなのかが、わからなかった。

自分がやりたいことは何なのか。安定した精神を保つためには身体を使った仕事がしたいということ、そして、生き方と仕事の方向性を一致させようと真剣に考えた。

身体を使うことによって、気持ちの在り方が変わる。

この気づきは、人生における一つの分岐点となった。

その後、仏陀についての本で読んで、精神を鍛えるのに気力に頼るのは火をもって火を救うようなものだと知った。そうではなく身体を整えれば、心は自然にそれにしたがうという。

もともと日本には、座禅や武道、歌舞伎や能など、身体を使って具体的な芸事の技を磨くことが、精神修養につながるという風土があった。

明治時代くらいまでは何をするにせよ、臍下丹田《せいかたんでん》（へそのすぐ下のあたり）を呼吸を通して〝練る〟ことが、人格形成から技術の習得にいたるまで、大切なこととされていた。これはつまり、丹田＝肚（はら）を鍛えることを指すのだが、それが人間的な成長と深く関わっているということに、興味を持った。

ただ「精神を鍛えろ」と言われるより、肚という具体的な身体の部分を呼吸という具体的な行為によって鍛えるということの方が、まだ理解しやすい。

自分もこの臍下丹田や呼吸、あるいは〝気〟といった東洋の精神を大切にしようと思った。それはきっと、どんな仕事をするにせよ、技術を習得する土台になるだろう。それに身体を意識していないと、すぐに精神が不安定になることもわかった。身体の使い方を意識しながら仕事をすれば、仕事そのものが精神修養にもなり、もう少し高いレベルで物事を考えられるかもしれない。

それならば正しい身体の使い方を学ぼうと思い、合気道などの武道、もしくは座禅を始めようかと迷ったこともある。

しかし、そうはしなかった。

新しいことを始めるよりも、これまでに培ってきたものをもう一度見直す方が、より深く追求できるだろうと考え直したからだ。それはそのまま身心の鍛錬になると思った。僕の場合、それが「走る」ことだった。

小学生のころから持久走が得意だったので、ランニングはずっと生活の一部だ。しかし、ただ力任せに走っているだけだった。

身体に関しての興味が出てくると、僕は姿勢を意識しながら、骨盤の前傾や、股関節の使い方、足の着地の仕方や上半身の使い方まで気をつけるようになった。結果として、以前より少ないエネルギーで長い距離を走れるようになった。故障をしなくなったし、身体も楽になった。

そして、僕は会社を1年で辞めて、パン職人の道に入った。

日本のパン屋で働き始めたときは、仕事のきつさに走れない日もあったが、ドイツに渡ってからはほぼ毎日、また走るようになった。それは今も、続いている。

日々、走りを改善してゆくことは、楽しみでもあり、それは結局、仕事にも反映される。歩行やランニングのような基本的な動作が上達すれば、仕事の身体の使い方も、自然とうまくなるのを感じている。

もちろん、まだまだ上達の余地がある。

パンを焼くのも走るのも、同じことの繰り返しで終わらせるのか。そのなかに改善の余地を見つけ、精進を続けるのか。それは、各々の意識にかかっていると思う。

店は小さな公園の隣に。赤いテントが目印。

朝9時、開店直前の店内。ドイツでは一般的な対面販売のスタイル。

MEISTER
BRIEF

店の棚のほとんどを占める全粒粉100%のシンプルな食事パン。

パンの製法については、旧東ドイツの教科書や1900年代前半の古書から多くを学んだ。

シンプルな材料で作るフォルコンブロートは、小麦の個性が素直に表れる。

仕事を終えた午後は、読書や調べものをして過ごす日も。

第2章

ベッカライ・
ビオブロート
のパン

店を開く

ベッカライ・ビオブロートのパン

2005年3月、僕と妻は小さな店を開いた。

店名は「ベッカライ・ビオブロート」。

ベッカライ（Bäckerei）はドイツ語で「パン屋」、ビオブロート（Biobrot）は「オーガニックのパン」を意味する。オーガニックとは、農薬や化学肥料を使わずに作られた農産物のこと。〝それしか焼かない〟という思いをストレートに込めた。

もともと10代のころから身体と健康については関心を持っていた。けれども、今思えばそれは偏ったものだ。学生時代には野口整体の考えに惹かれていたこともあり、ヨガや呼吸法のような身体に直接働きかける健康法に関心があった。

現代の社会で、添加物を使わない自然の食材だけを食べて、きれいな空気だけ吸って生きるなんて不可能なことだ。だから、なんでも食べて、都会の空気も吸って、それでも元気でいられる。そんな抵抗力のある身体を作る方が現実的だと考えていた。

そして当時はまだ食べ盛りでもあったため、食べものは質より量を重視していた。外食の際は、もっぱらファストフードやレストランチェーンの安い店を利用した。いわゆるB級グルメ派だった。

そんな僕がオーガニックの世界に興味が向くようになったのは、パン職人になってドイツに渡ってからだ。そのころ見つけたオーガニックのパンに関する専門書に「なぜオーガニックのパンを焼くのか」と題して、四つのことが挙げられていた。

・環境保護（Schutz der Umwelt）
・消費者保護（Verbraucherschutz）
・マーケット・プロフィール（Profilierung am Markt）
・伝統的な手仕事の保護（Pflege Handwerklicher Tradition）

僕の場合、とくに惹かれたのが「伝統的な手仕事の保護」という項目だ。伝統的な手仕事を身につける――それは僕がパン職人を志した理由の一つでもあるから。

オーガニックのパンを焼くという行為が、伝統的な手仕事を守り、なおかつ環境にも食べる人の健康にもつながるというならば、きっと価値のある仕事になるだろう。

そんなふうに考えていた。

しかし、いったんオーガニックの原材料でパンを焼くと、その方が自然に感じられて、農薬や化学肥料を使って一定の収穫量を得るような慣行栽培の麦には戻れなくなった。僕の中で〝これが正しい〟と、感覚的に腑に落ちるものがあった。オーガニック農場の中にあるユルゲンの店で彼の考えを学ぶと、それはますます強くなった。

パンを、味だけでなく、食べ物としての栄養価や安全性までトータルに考えると、オーガニック、とりわけオーガニックの全粒粉のよさがはっきりする。

全粒粉は、収穫した麦を脱穀してから、その粒（玄麦）を丸ごと製粉した粉だ。胚芽やふすまがそのまま含まれているので、精製された、つまり胚芽やふすまを除いた小麦粉よりもビタミンやミネラル、食物繊維などの栄養素が多い。

もし、栽培時に農薬が使われていたら、残留農薬は表皮に近いほど多いので、ふすまに多く含まれている可能性は否めない。その点、農薬を使わないオーガニック小麦で作れば「安全で健康的なパン」とも言える。

安全で栄養価も高くて、おいしくて日持ちもする――そんなパンを焼きたかった。

＊

僕は「フォルコンブロートVollkornbrot」をベッカライ・ビオブロートの核にすることにした。「Voll」は英語で「full（全部）」、「korn」は「corn（穀物）」の意味、つまり〝全粒粉のパン〟を意味する（→Memo）。これは、小麦の全粒粉とイースト（酵母）、水と塩だけで作る、シンプルなハード系のパンだ。

ドイツに渡ってオーガニックの世界を知り、全粒粉のパンに出会い、僕は強く惹かれた。全粒粉のパンといえば、ドイツではライ麦パンの方がポピュラーだが、自分が本当に好きなのは小麦のパンだ。この小麦の全粒粉パンを、徹底して掘り下げてみたかった。

僕はパン職人として、〝命を養う食事としてのパン〟を焼きたいと考えている。

それが、僕にとってはフォルコンブロートであり、パンを好きになるきっかけになった食パンだった。日本で独立を考えたとき、店に置くパンはこの二つだけでいい、と考えたこともある。

ところが日本では、パン屋を開くなら「60〜100種類くらいのパンが必要」とか「お客さんが飽きないように次々と新商品を出さなければならない」などと言われる。そんな話を聞くたびに「本当にそんなに必要なのか？」と疑問に思っていた。

たしかに食パンやバゲットなどの食事パンに加え、おやつや軽食になる菓子パンや惣菜パンなどの種類豊富な店は少なくない。でも、自分自身を振り返ってみれば、買うものはほとんどいつも同じで、よく利用した店では食パンばか

Memo

ドイツパンの名称

ドイツではパンの名称や表示に関して
使う材料やその配合割合などで
法的な規則を定めている。
たとえば「小麦全粒粉パン」の場合、
使用する粉の90%以上が
小麦全粒粉でなければならない。
「ヒマワリの種のパン」は、
粉に対してヒマワリの種が最低８%、
「レーズンのパン」はレーズンが
最低15%など。
さらに「ドレスナーシュトレン」
のように、ドレスデンで作られ、
かつ材料や配合割合などの条件を
満たしたものだけが名乗れる
といった地名による規則もある。

り買っていた。

次々と新商品を出さなければ飽きられるということに対して、僕はこう考えている。

パンの歴史は6000年以上にもなる。

これだけ長く続いてきたものに「飽きる」とは、おかしな話ではないか？

僕は、目先を変えるために続々と新商品を出すのではなく、本質を突いた骨太なものを長く作り続けたい。そんな思いを、とくにフォルコンブロートには込めている。

とはいえ、さすがに2種類のパンだけで店をやるのは現実的ではないと思い、全粒粉のパンのバリエーションを増やすことにした。すべてのパンを一人で作ることを前提に、僕自身が純粋に作りたいもので、なおかつお客さんに日常に食べてもらえそうなものを考えながら。

その結果10種類、同じパンのサイズ違いも数えると合計15種類ほどになった。僕としてはかなり増やしたつもりだったが、開業前からいろいろな人に「もっと増やした方がよい」と忠告された。それでは経営が成り立たないだろう、と。

親身に思ってのことだったと思う。だが、それを受け入れることはできなかった。

もし、そのような忠告にしたがったら、自分の〝実感〟のそれたところでパンを作り、店を経営することになるからだ。これまでの人生を振り返ると、たとえ、いわゆるスタンダードからはずれていたとしても、自分の「これがいい」という実感に沿ったものであれば、むしろその選択はうまくいくと感じていた。

パン職人のキャリアにしてもそうだ。僕は専門学校を不合格になった。でも、ドイツでマイスターになることを目指し、実現した。何もわからない初心者がマイスターを取得するまでの道のりは、他の誰のものでもない、自分だけのオリジナルだ。自分で模索しながら進んでみた方が、どのような結果になっても納得できるだろう。

とりあえず、やりたいようにやってダメならそのときに考えればいい。

こんなとき、妻は例外なく僕の好きにしたらいいと言ってくれる。彼女自身もだいたいにおいて僕と同じように考えているのでありがたかった。

こうして、ベッカライ・ビオブロートの商品構成は以下のようになった。

小麦全粒粉100％の食事パン

オーガニック小麦の粒（玄麦）を石臼で挽いた全粒粉、イースト、塩、水だけのシンプルな材料（現在は麦芽を加えることもある）で作る生地の5種類。各種、スライスして食べるおよそ500gの大型パン（ブロート）と、てのひらサイズの小型パン（ブレートヒェン）がある。全粒粉100％のため、いずれも見た目は褐色の地味なパンだ。

・フォルコンブロート（Vollkornbrot）

プレーンな生地をナマコ形に成形して焼き上げた、もっともシンプルな食事パン。

・ヴァルヌスブロート（Walnussbrot）
フォルコンブロートの生地にクルミを混ぜたパン。
・ゾンネンブルーメンケルンブロート（Sonnenblumenkernbrot）
フォルコンブロートの生地にヒマワリの種を混ぜたパン。
・ゼザムブロート（Sesambrot）
フォルコンブロートの生地に白ゴマを混ぜたパン。
・ロズィーネンブロート（Rosinenbrot）
全粒粉の大型パンの中で唯一、バターと砂糖を配合。レーズンを混ぜた山食パン。

小麦全粒粉100%の菓子パン

全粒粉、バター、砂糖、イースト、塩を配合した甘い菓子パン用の生地は、ロズィーネンブロートよりもバターや砂糖の割合が多い。いずれも、てのひらサイズの小型パン。シナモンロールはドイツ語では「ツィムトロレンZimtrollen」だが、プライスカードになぜか妻がシナモンロールと書いてしまい、僕もそれに気がつかないまま店をオープンしてしまった。しかし、他のパンはドイツ語でほとんどの人にとって、わけのわからない名称のなか、シナモンロールという名前はとっつきやすかったのだろう。オープン直後は、このパンとクロワッサンがやたらと売れた。クロワッサンはドイツ語でも同じ呼び方だ。

・クノーテン（Knoten）
プレーンな菓子パン生地で作る編み込みパン。
・シナモンロール（Sinamonroll）
菓子パン生地にシナモンシュガーをふって巻き込んだパン。
・ヌスシュネッケン（Nussschnecken）
菓子パン生地にクルミとバター、砂糖で作ったペーストを巻き込んだパン。
・クロワッサン（Croissant）
菓子パン生地でバターを包み、折り込んだクロワッサン。

精製した小麦粉の食パン
店で唯一の白い生地の食パン。このパンのみ全粒粉ではなく、オーガニック小麦を精製した粉（ふすまや胚芽を除いたいわゆる普通の白い小麦粉）で焼いている。
・トーストブロート（Toastbrot）
オーガニック小麦粉、イースト、全脂粉乳、バター、塩、水で作る山食パン。

＊

これらのパンは、細かな配合や製法は頻繁に変えているものの、品ぞろえはオープン以来、ほとんど変わっていない（２０１４年現在はゼザムブロートはなくなり、フォルコンブロートの生地で作るバゲット、同じ生地のレーズンとクルミ入り、カボチャの種入りのパン、及びサワー種のパン〈↓246ページ〉が加わっている)。店の棚の大半を占めるのは、昔も今も全粒粉100%のパンだ。

以降、この全粒粉のパンについて、どのように材料を集めて製粉を手がけ、製法を検討していったか、僕が模索しながら進んできた道すじを述べていく。

オーガニック材料を探して

独立を決めたとき、ドイツにいた僕には気がかりなことがあった。

日本ですべての原材料をオーガニックでまかなえるのかということだ。

ヨーロッパの中でも自然食志向の強いドイツでは、パン屋で使うほぼすべての原材料をオーガニックで調達できた。もちろん一般のものに比べて割高ではあったものの、極端な価格差はなかった。すでにマーケットが確立されていたので、それなりの需要があったのだろう。

しかし、日本では事情が異なる。

今でこそ自然食品の店は増えているが、絶対数はまだ少ない。食品の安全に対する意識も、ドイツと比べると低いように思う。オーガニックの明確な基準ができて「有機JAS

マーク」が誕生したのもほんの十数年前と、比較的最近のことだ。

素材は味を決める非常に大切な要素だ。材料選びはパンの配合や製法を考えるのと同じくらい、もしくはそれ以上に大切な仕事といえる。

日本でオーガニックの原材料でパンを焼くのは、大変なことのように思われた。

*

まずは、ドイツにいながら主原料の小麦を探すことにした。

小麦はパン屋の生命線だ。繰り返しになるが、農薬などが使われていたら全粒粉でパンを焼くことはできない。いや、物理的には可能だが、農薬は麦の外皮に残りやすいため、外皮ごと製粉する全粒粉の場合、とくに安全性に問題がある。

僕は自分で製粉したかったので、オーガニックの小麦を粒（玄麦）のまま仕入れる必要があった。まずはそれが可能かどうか確認して、可能ならば帰国する前に、石臼の製粉機をオーストリアまで買い付けに行こうと思っていた。

最初は国産小麦を使えないかと考え、7種類ほどオーガニックの小麦や粉を取り寄せて試してみた。本格的な帰国の半年ほど前、事情があって一時帰国したときのことだ。

しかし当時は正直、どれも使えるレベルではなかった。精製した粉であれば別だろうが、全粒粉ではふすま臭がきつすぎて、けっしておいしいパンとは言えなかった。のちに日本のある製粉会社の方から「内麦（国産小麦）は外麦（外国産小麦）に比べて外皮が分厚くて、それがふすま臭の原因だ」と聞いたが、まさにそれを実感したわけだ（この印象は数年後には変わった。小麦の品種によってはふすま臭はかなり改善されている〈→270ページ〉）。

いずれにせよ、独立前に探したときの国産小麦は品質も生産量も不安定で、ましてやオーガニックのものを安定的に入手できるところはなかった（→Memo）。

Memo

国産小麦は安心？

「国産小麦はポストハーベストの心配がないから安心」と宣伝しているものを見たことがあるが、それは誤解を招く表現だと思う。確かに国産小麦はポストハーベスト（輸送中の農産物の品質保持のために行う農薬散布などの処理のこと）の心配はないが、農薬を使う慣行栽培のものであればどうだろうか。その点、「オーガニック」と表示して流通しているものであれば、ポストハーベストも農薬も心配ない。

「食材の仕入れ先はしっかりとした会社と取引したい」と僕は考えていた。

それは規模のことではない。企業理念や哲学といったものだ。流行の波にのって、オーガニックの食材を扱い始めたはいいが、景気が悪くなればすぐに撤退するような会社は避けたかった。とくに小麦は、品質のよいものを安定して供給してもらうことが重要だ。

１社だけあてがあった。㈱むそう商事だ。自然食品がまだ珍しかった60年以上も前から一貫して安全な食について取り組んできた、この分野のパイオニア的な企業だ。

ドイツへ行く前は知らなかったのだが、「Muso」ブランドの調味料や食品は、ドイツのほとんどすべての自然食品店で売られている。日本の企業ということもあり、いつしか自分にとって身近なブランドになっていた。

調べてみると、どうやら北米産のオーガニック小麦を扱っているようだ。

しかし、何のつてもパン屋としての実績もない人間が、いきなり取引したいと言ったところで、はたして相手にしてくれるだろうか？　内心不安だったが、思い切って国際電話をかけてみた。

応対に出た女性が気さくな感じだったので、ホッとした。取り次いでもらった営業担当の男性に「日本で店を開いたらオーガニックの麦を仕入れることは可能ですか？」と尋ねた。するとあっさり、「大丈夫ですよ」。「石臼を買うつもりだから、あとでやっぱりダメと言われると困るんですけど」と念を押したが、再び「大丈夫です」ときっぱりと言われて、僕は初めて安心した。このときの男性が、今もお世話になっている宮本広明さんだ。

＊

その後、オーストリアで石臼を買って帰国し、真っ先に大阪にあるむそう商事の本社を訪ねた。さっそく試作用にオーガニック小麦の玄麦と、同じ小麦を精製した粉を仕入れて、それぞれパンを焼いてみた(→Memo)。この粉は、オーガニック認定の製粉工場で製粉されたものだ。

玄麦を新品の石臼で製粉した全粒粉では、製粉の段階でトラブルが生じたものの、それが解決したら、まずまずのパンが焼けた。

Memo

試作用のパン

初めての小麦を試すときは、
フォルコンブロートの生地を
少量仕込み、吸水や粉の力の強さ、
発酵中の生地の変化（発酵耐性）、
味や香りなどを確かめる。
材料の配合がシンプルで、酵母に
イーストを使うフォルコンブロートは、
小麦の風味をダイレクトに感じられる。

Memo

バターの話

店では、ほぼすべての原材料に
オーガニック認定品を使っている。
ただし、入手できないバターだけは、
無添加・無着色の国産品だ。
店を開いて数年後、一時期だけ、
オーガニック認定の輸入バターが
市場に出回ったことがある。
しかし、高い関税と国の関係団体に
高額な納付金をおさめる事情があり、
しかも納付金がバターの価格を
上回るほどの金額だった。
何に使われるかわからない納付金を
負担するのも、そのために
パンの価格を上げるのも納得できず、
結局、そのときも使わなかった。

ところが精製した小麦粉で焼いたパンは、食べたあとにかすかに残る苦味が気になった。オーガニックで検査済みのものだから、安全面では問題ないはずだが、原因不明の苦味が気になる以上は、使いたくなかった。

しかし、日本ではオーガニックの小麦は選択肢がないに等しい。僕はむそう商事の他にオーガニック小麦粉を安定して仕入れられる会社を知らなかった。

営業担当の宮本さんにそのことを伝えると、「1社だけ、愛知県の丸信製粉㈱が扱っているので試してはどうか」と提案してくれた。そして直接の取引は難しいだろうからと、製菓・製パン材料の卸の会社まで連れて行ってくれ、僕を紹介してくれた。

そんなわけで、オープン当初は全粒粉にする玄麦はむそう商事のもの、精製した小麦粉は、丸信製粉のものを仕入れることに。ところが数年後、丸信製粉がそのオーガニック小麦粉の扱いをやめたため、再びむそう商事の小麦粉を使うことになった。

使ってみると、以前感じた苦味はなかった。当時、僕以外に苦味を訴えた人がいなかったらしいので、問題があったのは、どうもサンプルで仕入れた1袋だけだったようだ。

本人は覚えていないらしいが、僕は他社の製品を提案し、確実に仕入れられるように取り計らってくれた宮本さんにはとても感謝している。

また、このとき宮本さんが紹介してくれた卸の会社とは、㈱トクラ大阪（旧㈱日東商会）だ。同社の執行役員で営業部長でもある桜井洋さんは、多くのパン屋やレストランのシェフたちから信頼されている方で、この件以降、僕も大変お世話になっている。

結局、この2人のおかげで小麦以外のレーズンやナッツ類、砂糖などパンに使うほぼすべての材料も、オーガニックでそろえることができた（→Memo）。小麦と同様、選択の余地はなく、価格も通常のものと比べて2～3倍もするものばかりだったが、僕はドイツと同じように正真正銘のオーガニックのパン屋をやりたかったから、手に入るだけでもよしとした。しかも、幸いなことにどれも品質はよかった。

店を開く前には、パソコンなどの機器にめっぽう弱い僕と妻に代わり、義理の弟がパンの名前や材料を明記したパンフレットを作ってくれた。オーガニックの材料を使って、安全で健康的なパンを焼いていることを大げさにアピールする必要はないが、まずは自分たちの姿勢を知ってもらうためにも役に立ったと思う。

以下、主原料である小麦粉とイースト（酵母）について補足しておく。

北米産のオーガニック小麦

むそう商事では、主に北米産の小麦を輸入している。僕は、それを粒（玄麦）のまま仕入れて、工房にある石臼で製粉して全粒粉にして使っている。

昔から北米産のパン用小麦は、生地が扱いやすく、おいしいパンが焼ける「製パン性の高い小麦」として知られている。それは、タンパク質の量が多く、質のよいグルテンを形成できる〝力の強い小麦〟ということだ。

ただし、小麦の良し悪しを決めるのはタンパク質だけではない。小麦は、その土地ならではの風味を持つものだ。だから、一概にどちらの小麦がよいとも言い切れない。ドイツ滞在中、初めてフランスの小麦を使って試作をしてみたとき焼き上がったパンの風味がまったく違って驚いた思い出がある。

初めてむそう商事から仕入れた小麦は、アメリカ産だった。製粉したとき、ドイツの麦と比べて、とてもさらさらしていると感じた。仕込みの際の吸水も高く、捏ね終わった生地の弾力も強い。これらはまさに、タンパク質の量や質の違いによるものだ（→Memo）。けれども、風味はアメリカよりドイツの小麦の方が好みだった。たまたまだったのかもしれないが、その年のアメリカ産の小麦には、ふすまに少し独特のクセを感じた。また、味も淡白なような気がした。

Memo

小麦粉のタンパク質

一般的な小麦粉の成分は、
炭水化物（デンプンが主）が７～８割、
タンパク質が約１割、残りに脂質、
ミネラル、ビタミン、水分が含まれる。
小麦粉に水を加えると、タンパク質に
含まれるグリアジンとグルテニンが
結合して弾力のあるグルテンを形成し、
このグルテンが生地の骨格となる。
そのためタンパク質の量のわずかな差が
パンの仕上がりに大きく影響する。
修業時代に使っていたドイツ産小麦の
タンパク質はだいたい11％前後。
北米産の小麦は12～14％が一般的だ。
日本の小麦粉の分類上では、
いずれも強力粉とはいえるが、
ドイツ産小麦の数値は中力粉に近い。

とはいえ、他に選択肢はなかったので店を開いてからはひとまずアメリカ産を使いつつも、宮本さんにドイツやフランスの小麦を輸入できないか尋ねてみた。しかし、ヨーロッパからの船便のルートは赤道を2回通らなければならないため、小麦の劣化と害虫発生のリスクが高く、難しいという。

ならば、カナダ産小麦はどうか。カナダの小麦は、マニトバ州産をはじめ、世界で最高品質の評価を受けているからだ。すると、価格が上がるが輸入できる、とのこと。そこで、宮本さんにお願いして輸入してもらうことにした。

*

翌年、カナダ産の小麦が届き、開封してその粒を見たとたん「これはすごい」と思った。それまで見たことのあるどの小麦よりも、粒が大きくふっくらとしていて、つやがある。

製粉した全粒粉は、やはり高タンパクの麦特有のさらさらした手ざわりで、前年のアメリカ産の小麦よりも、さらに吸水がよかった。

発酵させた生地もしっかりとした安定感があり、製粉の段階からパンの焼成にいたるまで、とくに気をつかわなくてもきれいなパンが焼き上がった。

これがたとえば、もっとタンパク質が少なかった

Memo

低アミロの小麦

デンプンを構成するアミロースの値が
低い小麦を「低アミロの小麦」と呼ぶ。
原因のほとんどは発芽被害の小麦だ。
これは、小麦の収穫直前に雨が降ったり
極端に湿度が高くなるなどして
小麦が発芽し、酵素が活性されて
デンプンが分解されたため。
このような小麦の粉が含まれた
生地を仕込んでも、
ドロドロになってまとまらず、
まともなパンを焼くことはできない。
そのため、このような小麦は
一般には流通しない。

り、低アミロの小麦（↓前ページMemo）だったらそうはいかない。製粉やミキシング、発酵などの工程で注意が必要で、しかもできるだけ注意を払ったとしても生地に安定感はなく、均一できれいなパンに仕上げるのは難しい。

それまでドイツでいろいろな麦を扱ってきたが、そこまで製パン性が高い小麦は初めてだった。焼き上がったパンは気になるふすま臭もなく、小麦そのものの風味も素直で心地よく、それでいて力強さも感じられた。

「ユルゲンが、この小麦を見たら何と言うだろうか？」

不意にそんなことを考えながら、パンを焼いたこともあった。

この品質のものを毎年使えたら、どんなに幸せだろうと思ったものだ。

それ以来、全粒粉１００％のパンに使う小麦はカナダ産１本でお願いしているのだが、数カ月後には収穫年が切り替わり、それ以降、最初の小麦に匹敵するような品質のものには出会っていない。もちろん、製パン性も味も、高い水準は維持しているのだが。

むそう商事の宮本さんとは、今でも「あの小麦はすごかった」という話になるくらい、初めて仕入れたカナダ産小麦は、鮮烈な印象として残っている。

オーガニックイースト「ビオレアル」

「1.粉、2.種、3.技術」という言葉がある。おいしいパンを焼くための必要な要素を重要な順に並べたものだ。竹谷光司さんによる日本の製パン理論のロングセラー『新しい製パン基礎知識』で知った。

この言葉を知った当時、僕はまだ駆け出しで、主原料の「粉」が1番目なのはわかっても、配合量の少ない「種」が2番目にくるのが不思議だった。種とは、パンの酵母のことだ。また、「技術」は3番目なのかと驚いたことも覚えている（→Memo）。

酵母がそれほど大切な理由として、この本にはイースト（酵母）によって、炭酸ガスが作られてパンが膨らむこと、同時に味や香りも作り出すことが挙げられている。経験を積むうちに、たしかにパンのおいしさに酵母もかなり関わっているとわかってきた。とくに粉やレーズンから起こす自家製の酵母種の場合、それが顕著に現われる。

Memo

製パンの「技術」

「技術」は、素材のよさをいかに“引き出す”か、もしくは“壊さないか”ということで、素材以上のものは作れない。ゆえに、順位として粉、種の次に３番目に重要、というのも納得がいく。パンに限らず、料理や加工食品のおいしさは、結局は素材の良し悪しにかかっている。ただし、この素材の良し悪しを見極めるのも技術の範疇だ。技術は自分の努力で向上するので、おろそかにはできない。

*

ベッカライ・ビオブロートでは、パンの酵母に「ビオレアル」というオーガニックイーストを使っている。店のパンフレットにある「有機イーストを使用」という文字を見て、お客さんに「なぜ天然酵母じゃないの？」と、以前はよく聞かれたものだ。

ここで言う天然酵母とは、おそらく小麦粉やレーズンなどから起こす自家製酵母種を指しているのだろう。

〝自家製酵母種はよくてイーストは悪い〟と考えていることが前提の質問だった。

しかし、それは誤った認識だ。

僕は、イーストであっても自家製酵母種であっても、そこに優劣はないと考えている。それよりも、酵母種を培養する原材料がオーガニックであることを大切にしたい。

自家製酵母種に比べてイーストに悪いイメージがあるのは、一般的に酵母菌を培養するための栄養源に糖蜜を使い、窒素やリン酸などが添加されるため、人工的に作られているように感じるからだろう。

僕自身も見習いのころに「イーストは砂糖を精製するときの残りかすである廃糖蜜が使われている」と書かれた記事を読み、マイナスの印象を受けた記憶がある。また、ドライイーストの材料表示には乳化剤なども書かれているので、マイナスのイメージを助長しているのかもしれない。

しかし、そもそもイーストとは、自然界に存在する数多くの酵母菌の中から「サッカロマイセス・セレビシエ」という、発酵力の強い菌だけを選んで培養したもの、というだけだ。それに対し、自家製酵母種は一つの菌だけを選び出すのは無理なので、必然的に複数の酵母菌が含まれている。それゆえイーストに比べて発酵力は弱いが、味わいはより複雑になり、それが長所にもなる。

どちらも同じ〝酵母〟であることに変わりはない。

だからなのか、最近のパン業界では「イースト」ではなく「パン酵母」という表記が使われるようになっている。もともとイーストを和訳すれば酵母なのだから、最初からそう表記すればよかったと思うのだが。

それでも僕があえて「イースト」と呼ぶのは、業界の流れからは反しているが、ビオブロートのようなオーガニックの材料を使った店で「酵母」と表記すれば、たいていの人は「自家製酵母種（天然酵母）」と解釈するだろうと思うからだ。また〝自家製酵母種はよくてイーストは悪い〟という風潮への抗議の意味もある。

＊

ビオレアルは、１９８５年から10年以上の研究開発の末に、ようやく商品化されたドイツ・アグラーノ社のオーガニックのイーストだ。原材料は、有機穀物と天然水がベースで、有機麦芽の酵素を加えて培養されている。その製造工程では、いっさい化学物質を使っていないという。

僕がビオレアルを初めて使ったのは、マイスター取得後で、顆粒のドライイーストではなく生イーストだった。イーストそのもののフルーティな香りと味が心地よく、それまで使っていたものとは全然別物の印象を受けた。焼き上がったパンも、イースト臭が残ることがなかった。

帰国するとき、なんとか個人輸入できないだろうかと調べてみたら、ドライイーストのみではあったが、日本にも輸入代理店があった（→Memo）。それまで使っていたのは生イーストばかりだったが、ビオレアルならおそらく問題ないだろう。

ところが実際に使ってみると、想像以上に発酵力が弱く、最適な配合量を決めるまでに時間がかかった。最初は仕入れるたびに品質のばらつきも大きくて（現在は安定している）、配合量が決まったと思っても、そのつどレシピを書き直さなければならなかったくらいだ。

また、添加物が含まれないオーガニックの製品だけあって、とても温度変化に弱い。本来、真空パックされているドライイーストは未開封であれば常温保存でも問題はないはずだが、店を開いて初めての夏休みの3週間、日中30℃を超える工房に置いていたら酵母がダメになってしまった。生地が全然膨らまなかったのだ。

それ以来、冷蔵庫で保管するようにしている。

というように、温度管理には気をつかうものの、やはり焼き上がったパンのイースト臭のなさは生イースト同様、とても魅力的だ。

でも、日本でビオレアルを使っているパン屋は、まだ限られている。

一般のイーストに比べてとても高価だからだ。ドイツでも同様で、「オーガニックのパ

Memo

ビオレアル
Bioreal

2014年現在、ビオレアルは、
ドイツ・アグラーノ社の
正規販売代理店、
㈱風と光から仕入れている。
日本では「有機穀物で作った天然酵母」
という商品名で販売されている。

ン」と表示していてもイーストだけはオーガニックのものを使っていない店もあった当時のドイツでは材料の95％がオーガニックであれば〃オーガニックのパン〃の認証が受けられたので問題はないのだが。

しかし、原材料や生産過程におけるコストや手間を考えれば、高価になるのは止むを得ない部分もあるのではないだろうか。

味の面でも本当によいものだから、もっと広まってほしいと思う。

小麦を自家製粉する

オーガニック小麦を仕入れて石臼で製粉し、全粒粉にする――僕が普段、行っている製粉の作業についてふれておこう。

初めて自家製粉の全粒粉パンを焼く店で働いたのは、ドイツでの2軒目の修業先、ベッカライ・ケーニッヒだ。そのときはまだ、将来、自家製粉を自分でやってみようとまでは思わなかった。

しかし、ドイツの自然食品の店に置いてあった、1枚のパンフレットによって考えが変わり始めた。

そこには二つのかじりかけのリンゴが並んでいた。

一つはたった今、かじったばかりなのであろう。食べた跡がきれいな色のリンゴだった。もう一つは、かじってから時間がたち、酸化して変色していた。そして「粉も同じですよ」と書かれていた。それは家庭用の製粉機の宣伝だったが、「たしかにそうかもしれない」と思った。

もちろん、麦とリンゴの酸化の速さは違うだろう。ただ、製粉すると麦に含まれるさまざまな酵素が活性化し、劣化が進むのは確かだ。とくに全粒粉は、油脂が多い胚芽を含んでいるため酸化が速い。

一般に、全粒粉の賞味期限は製粉後4〜6週間とされ、理想的には2週間以内に使い切るのが望ましいとされている。

せっかく全粒粉のパンを作るなら、挽きたてのフレッシュな粉を使いたい。

「ならば自家製粉するしかないのでは？」と思うようになった。

市販の全粒粉のなかでできるだけフレッシュなものを探す、という方法もないわけではないが、残念ながら日本にはその選択肢はなかったし、いずれにしても市販の全粒粉を使いたいとは思えなかった。

マイスター学校に通っていたころ、こんなことがあったからだ。

スーパーマーケットで小麦の全粒粉を買って、自宅で試作したときのこと。それまでは修業先で製粉した粉を分けてもらったり、自然食品店で粒のままの小麦を購入していたので（ドイツでは小型の製粉機が置いてある自然食品の店が多く、購入した麦を製粉してもらえる）、市販の全粒粉での試作は初めてだった（→Memo）。

いつも通り生地を仕込んだところ、全粒粉らしからぬ、どちらかといえば精製した小麦粉で作った力の強そうな生地ができた。焼き上がったパンも、それまで作った全粒粉100％のパンとは比較にならないくらい、ボリュームのあるものだった。

疑問を感じたので、翌日、マイスター学校の先生にその話をした。

先生によれば、大手の製粉会社が販売している全粒粉は単純に一粒の麦を砕いて細かくしたものではない、とのこと。小麦の外皮に近い褐色の粉、外皮を除いた中心部だけの真っ白い粉、その中間の粉など、粒子のサイズも含めてさまざまに挽き分けた粉を、求める成分値になるようにブレンドするという。

さらにドイツの製粉会社では、品質向上のために粉にアスコルビン酸（ビタミンC）を添加する。それによって酸化を防ぎ、貯蔵時の安定性が高まるとともにグルテンが強化され、パンにボリュームが出る効果もある。全粒粉はとくに劣化しやすいため、より多くのアスコルビン酸が添加されるという。スーパーマーケットで

Memo

ドイツの粉の分類

ドイツの粉は袋に表記している「テューペンツァールTypenzahl」の数字を見て用途によって使い分ける。この数字は100kgの粉を燃やして残る灰（ミネラル）の量で分類したもの。小麦には405、550、812、1050、1600、1700の６種類があり、たとえばブレートヒェンなどの白パンに使われる汎用性の高い「Type550」は、クリーム色の粉で灰分量510〜630ｇ。ちなみに「Type405」は菓子用だ。数字が高くなるほど全粒粉に近づき、だんだんと濃く、褐色の粉になる。なお、全粒粉にはTypeの表示はなく、100kg中の灰分は1800〜2200g程度。

買った全粒粉で作ったパンがボリューム感のあるものに仕上がったのも、それが理由だったのかもしれない。

＊

僕が本気で「自家製粉をしよう」と決意したのは、小麦畑に囲まれたユルゲンの店で製粉の仕事を経験してからだ。そこで使われていたオーストリアのオストチロル社の製粉機は使い勝手がよく、気に入っていた。石臼を分解して掃除ができるシンプルな構造も、水や風の力で動かしていた時代を思わせる昔風のレトロな外観も魅力だった。

日本にも輸入代理店はあったのだが、外国の機械は現地で買うよりかなり割高になってしまう。帰国前に妻とオーストリアの本社まで旅行も兼ねて直接買いに行くことにした。

事前にアポを取り、ドイツから列車で10時間以上かかって、チロル州のデルザッハ駅に到着した。そこには、まるでアルプスの少女ハイジに出てくるような風景が広がっていた。山があって丘があって、牛や羊がいる。こんな牧歌的なところにある会社だから、あのようなクラシックな製粉機を作り続けているんだろうと妙に納得してしまった。

駅から会社に到着を電話で伝えると、しばらくして年季の入ったバンタイプの車が僕たちの前に止まり、中から陽気で素朴な感じのおじさんが出て来た。

「君たちは製粉機を見に来たんだろう？　さあ乗って乗って」という感じで、僕たちを車に乗せてくれた。会社には工房が併設されていて、職人さんたちが一つずつ製粉機を組み立てているのが見えた。

周りの景色同様、その様子はのどかだった。生産効率を上げてたくさん作ってどんどん売ろう、という空気はみじんも感じられない。

それにしても僕たちは製粉機を買いに来たというのに、営業の人が出て来ない。運転手のおじさんが展示していた昔の製粉機などについていろいろと話をしてくれたが、いつまでたっても商談の気配がなかった。

その日のうちに列車で3時間ほどのインスブルックまで行く予定だったので、僕はおじさんに「石臼を注文して送ってもらいたいのだけど、誰に言ったらいいのか」と単刀直入に尋ねた。すると「僕でいいよ」と言う。おじさんもこの会社の社員だったのかと思ったら、なんと、その人が社長だった。

正直、とてもそんなふうには見えない。でもまあ、この人が社長だからこの会社もこんなのどかな雰囲気なのだろうとも思えた。

僕は希望の石臼のタイプとサイズを伝えた。

石臼を回すモーターは、いろいろな国のものがあるらしい。もちろん僕はメンテナンスのことも考えて日本製をお願いした。

社長が注文書もメモも取らないのが、気がかりだった。ただ聞いているだけで、何を尋ねても「大丈夫、大丈夫」という感じなのだ。

日本に製粉機が着いてから間違っていたでは話にならない。やむを得ず僕の方から、送り先と商品名、石臼のサイズ、日本製モーター希望などを紙に書いて渡すと、社長はそれを見ながら「君たちは日本から来たのか？　それはまずいなあ」と言うではないか。「日本には輸入代理店があるから、そこを通して買ってくれないと困る」と。そんなの最初に問い合わせた電話で伝えていたことなのに⁉

せっかくここまで来たのだし、なんとかならないかお願いしてみた。「僕たちは日本人だけど、今はドイツに住所があるのだから問題ないではないか」と。すると「まぁ大丈夫か」みたいな感じで、あっさり商談が成立した。

何から何までそんな感じの、とにかくゆるい社長だったが、一つ印象的だったことがある。僕が「もし故障したらどうしたらいいか？」と質問したときのことだ。

社長はそのときばかりはきぜんとして、きっぱりと「故障はしない」と言い切った。そこには自社製品に対する揺るぎない自信が感じられた。

ユルゲンの工房には、2台のオストチロル社の製粉機があった。彼は中古でそれを買ったらしいが、15年間使用して故障は一度もないと言っていた。

僕も今年で10年目になるが、たしかに故障したことはない。ときおり分解して大掃除をするのだが、そのたびに、あのときの社長の言葉を思い出す。

注文してから2カ月後、製粉機が日本に到着した。

中を確認すると、モーターがイタリア製だった。あれほど日本のものをお願いして、こちらからメモ書きまで渡しておいたのに！

それでも幸いというべきか（本来は当たり前だろうが）、それ以外は注文したとおりだった。これで自家製粉できると思うとやはり嬉しかった。

製粉の仕事

試運転を兼ねて、むそう商事から仕入れたオーガニック小麦を初めて製粉したとき、思いがけないトラブルが生じた。

ドイツでやっていたのと同じように製粉し、パンを焼いてみると、これまでに感じたことのない砂を噛んだような食感に違和感を覚えた。

石臼の石が欠けてしまったのだろうか？　そう思い、すぐに石臼を分解してきれいに掃除してみた。しかし、それでもまだじゃりじゃりとした食感が残る。

まずいことになった。

このままでは店をオープンできない。

掃除が足りないのか？　何度も分解してはきれいにしてみたものの、石が欠けた様子はなかった。粉の粒子を細かくすればマシになるかもと、ぎりぎりまで細かく挽いてみても、その違和感はなくならなかった。

ようやく解決の糸口が見えたのは、オープンのほんの数週間前のことだ。

ふと目にした雑誌に、神奈川・伊勢原の「ブノワトン」の高橋幸夫さん（故人）の記事が載っていた。当時、彼は国産小麦を自家製粉してパンを焼いていて、「製粉する前に精米機を使う」と書いてあった。

試しに小麦を精米機にかけて外皮を軽く取り除いてから製粉してみると、見事にじゃりじゃりした食感がなくなった。原因は石臼ではなく、麦の表面にホコリや余分な繊維が付着していたことによるものだった。

ドイツで自家製粉をしていたときにそんな作業はしていなかったが、のちに農場で収穫した麦を脱穀する際に研磨機を使って、その処理を施していたことを知った。アメリカやカナダの麦はその処理の度合が低いのか、もしくは行っていないのかはわからない。

いずれにしても、僕は精米機を購入して、小麦を製粉する前に外皮を除く作業を工程の一つに加えることにした。

このとき、ドイツの製粉会社、シュタインメッツ（Steinmetz）社の粉を思い出した。それは特殊な機械で小麦を洗浄することによって、外皮の一部を取り除いてから製粉する全粒粉の一種で、マイスター学校でもこの粉について学んだことがある。方法は違えど、外皮の一部を取り除くことは同じだ。

現在は、日本のアンデルセングループがこのシュタインメッツ粉の日本での独占使用権を取得して、その名も「ベッカライ・シュタインメッツ」というパン屋を出店しているが、かつて老舗の「神田精養軒」もこの粉を使い、全粒粉のパンを焼いていた。「シュタインメッツの粉では外皮のうち5％を取り除く」と、神田精養軒の創業者、望月継治さんがその著書『パン屋のおやじは考える』（1977年刊）の中で書いている。

僕は全粒粉ならではの栄養分や風味をより生かしたいので、外皮を取り除く割合は1％以下にとどめることにした。

ただし、この割合は麦の種類やその状態によっても変えている。小麦は、収穫年によっても、収穫後の保管状態によっても、その成分値は変わるものだ。たとえばタンパク質の量が少ないと感じられる小麦の場合、やや多めに外皮を除けば、相対的に質のよいタンパク質を多く含む白い部分（胚乳）の量が増えるので、多少は製パン性が改善される。

精米機を使って外皮を取り除く割合を調整する自由を得られたのは、品質が不安定な小麦（→Memo）を丸ごと使う以上、幸いだったと思う。玄麦を精米機にかけるという一工程も、パンの仕上がりに影響するので、おろそかにできない。

Memo

品質が不安定な小麦

むそう商事では、カナダやアメリカのオーガニック小麦からその時期の良質なものを選んでいるが、農産物ゆえに年によって品質にはばらつきがある。オーガニックの小麦は、生産量が限られているうえ、農薬や化学肥料を使用しないため、その品質は不安定にならざるを得ないのが現状だ。小麦を丸ごと製粉する場合、その品質がそのまま粉に反映される。

＊

では、外皮を取り除いた小麦を、どのように挽くべきか。

オストチロル社の製粉機では、粗挽きでも細挽きでも、粒子のサイズを好みの大きさに挽き分けることができる。

ドイツでは一昔前まで、全粒粉といえば粗挽き粉がほとんどだった。最初の修業先「ベッカライ・ヴィプラー」で使っていたライ麦の全粒粉も、やはり粒子は粗かった。それまで僕は、さらさらとした普通の小麦粉しか使ったことがなかったので、全粒粉ももっと細かく挽けばいいのに、と単純に思ったものだ。

ライ麦にしろ小麦にしろ、粗挽きの全粒粉で仕込んだ生地は、膨らみにくく、目が詰まったパンになる。実際、そのようなパンは今もあるが、ドイツ人にとっても必ずしも万人受けしていないようだ。２００３年刊行の『Brotland Deutschland Band 3』には、次のように書いている。

――１９８０年代半ばのこと。全粒粉のパンの消費が停滞していたので、なんとかしようと研究者、製粉業者、パン職人が協力して、新しいタイプの全粒粉パンを開発した。

それは麦を細かく製粉した細挽きの粉で、パンはよく膨らみ、まるで精製した粉から作るように柔らかかった。これまでのように粗挽きの麦の粒を噛み砕いて食べるのを望まない人たちも食べることができるようになった――

やはり全粒粉も細挽きにした方が、多くの人に好まれるパンが焼けたのだろう。それでも実際に細挽きの全粒粉を見かけるようになったのは、僕がゲゼレ（職人）になってから、つまり2000年くらいからだ。その後修業した3店は、いずれもオーガニックのパンを焼いていて、ライ麦や小麦のほとんどを細挽きに製粉していた。

細挽きの全粒粉で仕込んだパンは、粗挽きのものよりも口溶けがいい。もちろん好みもあるだろうが、僕は、細挽きの方が明らかにおいしいと思えた。

そのため、自分の店でも、なるべく細かく製粉することにした。

なお、粉の風味は時間とともに失われるし、胚芽を含んでいる全粒粉はとくに酸化しやすく、劣化が速いので、製粉後はできるだけフレッシュなうちに使いたい。

とはいえ、熱を持たないように挽いても挽いた直後はまだ粗熱があり、酵素活性が強すぎる（→Memo）。そのような粉で生地を仕込んだこともあるが、通常より水を減らしてもドロドロとした生地になってしまい、うまく膨らまず、焼き上がったパンも冷めるとガチガチに硬くなってしまった。

製粉会社では、酵素活性が安定して製パン性が上がるように、製粉した小麦粉をしばらくねかせ

Memo

小麦の酵素活性

小麦には、多くの酵素が含まれる。
とくに代表的なものは
アミラーゼなどのデンプン分解酵素や
プロテアーゼなどのタンパク質分解酵素、
リパーゼなどの脂質分解酵素だ。
これらの酵素によって、
小麦粉の成分もさまざまに変化し、
グルテンの形成や発酵にも影響する。
収穫直後の小麦や製粉直後の粉は
酵素活性が強いが、時間がたてば
落ち着いて安定する（熟成）。
そのため通常は、小麦も粉も、
ある程度の期間、保管して
熟成させてから流通される。

てから出荷する。

僕も、製パン性は犠牲にしたくなかった。

そこで、製粉してから1日たったものから1週間たったものまで、毎日生地を仕込んで試してみた。1日置いた粉は、製パン性が顕著に向上したのに対して、2日目以降はそこまでの変化は感じられなかった。

1日置いただけで、それなりに扱いやすい生地になるのだから不思議なものだ。

結局、小麦は挽いてから1日ねかせて使うことで落ち着いた。

＊

製粉そのものは、とてもシンプルな作業だ。

僕が使っているオストチロル社の製粉機の場合、まず石臼の上にある開口部に小麦（前日に精米機で外皮を1％ほど除いた玄麦）を投入する。スイッチを入れると石臼が回転する。すると振動が生じ、その振動によって麦が少しずつ石臼の上に落ち、製粉されて、下の専用口から出てくる仕組みだ。

粒子のサイズは、本体の横についているハンドルを手動で回して、石臼を構成する二つの石の間隔で調整する。間隔を広げれば粗挽きの粉になるし、狭めれば細挽きになる。

とくに気をつけなければいけないのが、製粉のときに生じる摩擦熱だ。この熱によって粉の劣化が速くなり、品質が落ちてしまう。それを防ぐためには、ゆっくりと挽くのがいい。製粉機の仕様書には「1時間あたり26kgまでの麦を製粉できる」とあるが、僕は10〜15kgくらいを目安にしている。ちなみに石臼の回転速度は変えられない。投入口と石臼の間にあるすべり台のような板の傾斜によって、石臼に落ちる小麦の量を調整する。少しずつ落とせば、挽く速度もゆっくりになるというわけだ。

挽く間、ずっと製粉機のそばにいる必要はないが、パンを焼き、仕込みを行いながら、つねに石臼の音に注意を向ける。違和感のある音に気づいたらそのつど確認し、ほんの少しでも石同士が擦《す》れ合う音がすれば、摩擦によって粉が熱を持たないように慎重にハンドルを回して石の間隔を離す。

さらに十数分おきには粉にさわり、粒子のサイズを確認する。このとき、粉が温かく感じるようなら、小麦が石臼に落ちる量を減らす。

とくに夏は摩擦熱で粉の温度が上がりがちなので、注意が必要だ。できるだけゆっくりと挽くようにするが、それでも粉は熱を持つ。そのため、製粉直後しばらくは冷凍庫で冷やすなど、気候によって粉の品質が落ちないように気をつけている。

製パン性が高い小麦は、製粉直後はさらっとしていて、心地よい感触がある。反対に、しっとりとして、どことなく頼りない印象の粉の場合は、たいがいタンパク質が少なく、力が弱い傾向にあるので、そのあとの製造の工程ごとに調整をはかりながら、理想のパンに近づけていく（→次ページMemo）。

店をオープンした当初は、だいたい1日1袋（30kg）の小麦を製粉すれば充分だったが、その量はパンを焼く量とともに増えていき、今は2袋まで挽くこともある。

僕の使っている石臼のサイズでは、このあたりが限界だろう。これ以上になると、自然と石臼が熱くなってきてどうしても粉が熱を持ってしまい、粉の質が落ちてしまう。

Memo

製粉の調整例

小麦のタンパク質が少ないと
思われる場合、形成される
グルテンも少ないと想定できる。
そのため製粉を行うときは、
できるだけタンパク質が残るよう、
酵素活性を抑えるように努める。
具体的には、摩擦熱を極力抑える
ために、よりゆっくりと製粉し、
粒子は若干粗めにする、など。
低アミロの小麦の場合も同様。
工程の調整例は192ページに後述。

パンの製造も僕一人で行っているので、1日60kgくらいが限度だと思う。

＊

製粉をしていると、小麦によって立ち上がってくる香りが、こうも違うものなのかと驚かされる。その香りが申し分のないときはいいが、そうでないときもある。

以前、試作で国産小麦を製粉したら、土の匂いがすることがあった。製粉時だけならいいが、それはパンになっても残っていて、時間を置くと土臭さがますます強調された。

香りは、その素材が持っているものなので、基本的には変えることはできない。けれども、何もできないわけではない。

たとえば、土臭さを感じるときは、精米機で強めに外皮を削れば若干の改善はできる。または、粗めに製粉をすると、細挽きよりも粒子の表面積が小さくなるので、少しは匂いを抑えることができる……という具合に。

このような工夫は、自分で製粉していなかったら気がつかなかっただろう。こうしたほんの少しのことにも改善策を見出すことに、僕はこの仕事のやり甲斐を感じる。

小麦の品質にも敏感になった。

僕が仕入れているオーガニック小麦は、収穫年が切り替わると、そのたびに小麦の成分値も風味も変わる。最初に「この小麦は製パン性が悪く、イマイチ扱いにくい」と感じても、同じロットの在庫がなくなるころには、とても扱いやすくなっていることが実際はとても多い。

見た目にはわからないが、麦は時間とともに熟成されていく。

素材は、たしかに生きている。

〝よりよいパン〟を作るには、こうした素材の違いにすぐに反応できるように、五感を研ぎ澄ますことが大切だ。

〝品質の高いパン〟を目指して

オーガニックの原材料の調達や小麦の製粉の準備はできた。

ここからは、パンの製法について述べていきたいと思う。

ところで〝全粒粉のパン〟といっても、普通の（精製した）小麦粉のパンと特別に製法を変えて違うパンを作るわけではない。食パンでもバゲットでも、クロワッサンでも全粒粉で作ることはできる。ただ、仕上がりは同じようにはならない、というだけだ。

全粒粉にはふすまや胚芽が含まれているため、グルテンが形成されにくい。必然的に生地は膨らみにくく、焼き上がったパンは目が詰まった硬い食感になりがちだ。クロワッサンの層は出にくいし、不規則な気泡のあるクラム（パンの表皮を除いた柔らかい部分）のバゲットを焼くのも難しい。

小麦の風味が強いぶん、どうしても素朴な味わいになるので、人によって好き嫌いもあるだろう。

それに比べて精製した小麦粉で作る白いパンは、上品で洗練された味わいがある。パンはよく膨らみ、軽く、食べやすい。

でも僕は全粒粉１００％でも、できる限り洗練されたものにしたいと考えている。店の核となるフォルコンブロートも、素直においしいと思ってもらえるパンにしたい。

*

僕にはどのようなパンを焼く場合でも、大切にしていることがある。

自然の素材を使うこと。

時間をかけること。

そして、シンプルであること。

「自然の素材」とは自然界にもともとあるもので、オーガニックの素材であれば問題ないと考える。いわゆる合成添加物は使わない。

「時間をかける」とは、〝伝統的な製法〟とも結びついている。伝統的な製法とは、古代のパンを作りたいということではなく、パン作りが今のように機械化されておらず、添加物も使われていない、必然的に時間を要した一昔前の時代のもの。

「シンプル」というのは、パンの材料から製法、品ぞろえやパンの見た目も含めてトータルなものだ。僕は何事においてもシンプルなものを好む。複雑なものに対しては、そこから絞り込み、そぎ落としてゆくことに魅力を感じる。そもそもパンを焼くという仕事自体、この複雑な現代社会ではシンプルな職業だ。

こうしたことは昔から漠然とは考えてはいたが、ドイツでの7年間の修業を経て、はっきりと表現できるようになった。

パンの製法でもっとも参考になったのが、1900〜1950年代くらいまでの専門書と東ドイツ時代の教科書だ。修業時代の話でも書いたが（→52ページ）、僕は職業学校（ベルーフスシューレ）の先生から「東ドイツ時代のパンは品質が高く、教科書も今よりよかった」と聞き、その時代のパン作りに興味を持ったことをきっかけに、一昔前のパン作りを知りたいと思うようになった。以来、古本屋をめぐっては気になる古書を探し出し、ドイツ語の辞書を片手に片っ端から読み込んだ。

これらの古書が書かれたのは、まだテクノロジーが発展していなかった時代だ。だからこそ、自然にまかせた時間をかけたパン作りが行われており、その知識を本から得られたのは貴重な経験だった。もっとも1950年代のドイツの工房は、すでに機械化され、添加物も使われていたが、その時代の本には過去の製法を含め、参考になる記述をいくつも見つけることができた。

そして僕はそれらを試すべく、毎日のように自宅でパンを焼いた。

最初はオーソドックスな白パン「ヴァイツェンブロートWeizenbrot」（→Memo）や個人的に好きだった食パンばかり焼いていた。それから修業先でもっとも多く焼いたであろうライ麦パンに集中していたときもある。そしてオーガニック小麦の全粒粉パンに興味を持ってからは、全粒粉、酵母（イースト）、塩、水だけのシンプルな配合で作るパンばかり焼くようになった。それが今のフォルコンブロートの原形だ。

古書にある製法を参考に、少しずつ条件を変えながら何度も同じパンを焼いてみる。ドイツでは修業先や学校でもいろいろなパンを焼いていたが、ほとんどが分業制だ。計量から焼き上げまでを一人で行い、自分の作りたいものだけに思う存分集中できるのは、楽しく、充実した時間だった。

だから僕のパン作りは、古書から得た知識がベースになっているとも言える。もちろん、修業先や学校での経験を積んだうえでの話だが。

さまざまなことを学び、体験し、知識を得るなかで、パンの品質を高めるためにとくに興味を抱いたのが「アーベントタイク」、「湯種」、「麦芽（モルト）」だった。だからこの本では、この3つに焦点を絞ってみたい。

数限りなくある製法や工程のうちどこに焦点を絞るかで、作り手の個性が表れる。材料の選択、配合の比率、ミキシ

Memo

ヴァイツェンブロート
Weizenbrot

Weizenは「小麦」という意味。
ヴァイツェンブロートは、
精製した小麦粉が90％以上
の白い大型パンのこと。
ドイツでの修業当初は、
「Type550」（→137ページ）の
小麦粉とイースト、塩、水のみで
どのようなパンが焼けるのか、
いろいろな配合や製法を試していた。

ングの強度、発酵の温度や時間、成形方法、窯入れの温度、仕事の流れといった全般的なこと、また、たとえば小麦粉のブレンドや自家製酵母種にこだわったり、あるいはデニッシュ生地の折り込みを追求する人もいるだろう。

何にこだわるかは人それぞれだが、流行やよその店のやり方に左右されるのではなく、自分が本当に興味を持っているかどうかが大切だ。それが物事を徹底して深めてゆく原動力になる。〝普通の興味〟では見過ごしてしまうところに気がついたり、本質を見通すことにもつながるだろう。

アーベントタイク、湯種、麦芽。この三つは、僕がまさに強い興味を持って資料を探し、探求した製法や材料だ。

とくにアーベントタイクとの出会いは、ドイツでの7年間の修業時代を振り返るとき、いや、これまでの職人としてのキャリアを振り返るとき、僕にとってはもっとも大きな出来事だった。

アーベントタイク

2000年、ゲゼレ（職人）になったばかりのころ、僕は、スイスのリッチモンド製パン学校が1953年に出したスイスのパンについての本『Die Schweizer Bäckerei』を読み込んでいた。同じタイトルで現行版も出ているが、それより記述がずっと詳しく、かなり勉強になった本だ。

スイスは4カ国語を公用語としていて、チューリッヒやバーゼルなどのドイツ語圏に旅行したときには、ドイツと同じようなパンをよく見かけた。それらは見た目も味も洗練されていて、技術の高さを感じたものだ。

その本には、さまざまなパンの製法が紹介されていた。

一般に、イーストを使ったパンは「ストレート法」と「中種法」に分けられ、今でもこの二つが代表的な製法だ（→Memo）。

ストレート法は、一度にすべての材料を捏ねるシンプルな工程だ。イーストの配合を多くすれば、発酵をほとんどとらなくても生地が膨らむので、もっとも短時間でパンを作ることができる。したがってこの製法は、戦後、イーストが比較的安価で手に入るようになってから広まったものだ。

それ以前は、高価なイーストをなるべく節約すべく、本捏ねの前にあらかじめ少量の小麦粉とイースト、水で生地を作って発酵させて、酵母菌を増殖させた。この生地（中種）

Memo

主なパンの製法

パンには数多くの製法があるが、
サワー種（自家製酵母種）を使うか
イーストを使うかで大きく２つに
分けられる。ドイツの学校では、
サワー種を使った伝統的なライ麦パン
の製法の授業が充実していた。
（詳しくは249ページに後述）
小麦のパンの場合、イーストを使う
ストレート法と中種法の汎用性が高い。
中種はドイツ語で「フォアタイク
Vorteig（前生地の意味）」と呼び、
材料の一部を使って、あらかじめ
発酵させる生地（種）のこと。
小麦粉の風味を生かしたければ
ストレート法、発酵による風味、
日持ちを重視する場合は中種法が向く。

を使った製法を、中種法という。

ところがこのスイスの本には「もう一つのストレート法」として〝捏ね上がった生地を一晩中ねかせておく方法〟が紹介されていた。

それを紹介する前に、ドイツのパン屋のスケジュールを説明する必要がある。

ドイツでは、パンを真夜中から作り始める。多くの店では、職人は午前2時半に出勤した。忙しい週末は前日の夜11時半から仕事が始まるところもあった。朝一番にパンを焼き上げるには、仕方のないことだ。

1日の最初の仕事が生地の仕込みだ。そのあとに生地を発酵させるのだが、まともなパン作りではこの発酵にもっとも時間がかかる。発酵というプロセスの間に、生地が膨らみ、おいしい風味が育まれるからだ。

しかしながら戦後、ドイツではパン作りが機械化され、大量のイーストを使い、さらにイーストフードなどの添加物を加えることで、発酵を短縮、あるいは省くようになってしまった。午前2時半にミキシングを始めれば、4時にはパンが焼き上がる。こうして、パンは短時間で大量に作られるようになった。

僕が見習いとして働き始めた1990年代後半は、1週間の法定労働時間が37・5時間だったから、こうした合理化はやむを得ない面もあったのだと思う。

一方で、犠牲になったのはパンの品質だ。

質を決定づける発酵のプロセスを省いてしまったのだから当然だ。焼き上がったパンは風味が乏しく、数時間後にはスカスカで味気なくなっていた。

＊

スイスの本にあった「もう一つのストレート法」は、まったく違うアプローチで早朝にパンを焼き上げる方法だった。

それは、生地を最初に仕込むのではなく、すべての仕事が終わってから最後に仕込むというものだった。1日の終わりに翌日の生地を作り、翌朝出勤するまで一晩発酵させる。こうすれば、翌日の仕事は生地の仕込みではなく、分割から始められる（→Memo）。しかもその生地は、充分に発酵時間をとったものだ。

思わずハッとなった。

この方法ならば、短時間で発酵させるためにイーストを大量に使う必要はない。

一晩発酵させる間、適切な環境で生地を管理できれば、味と香りが充分に作られるはずだ。そうであれば風味を補うためのイーストフードも最小限で済むか、もしくは必要がないだろう。

さらに長時間労働を強いられることもない。職人が休

Memo

ストレート法の工程

ストレート法の基本的な工程は、
生地の仕込み（本捏ね／ミキシング）
→一次発酵→分割→丸め→
ベンチタイム→成形→二次発酵
→窯入れ（焼成）となる。
もちろん、作るパンによって
細かな工程は変わる。
機械化が進んだドイツの工房では、
発酵だけでなく、すべての工程が
短時間かつ合理的に行われていた。

んでいる間に一晩中、生地は勝手に仕事（発酵）をしてくれるのだから。

本には「イーストの量と生地温度と発酵時間を調和させなければならないので、長い経験を必要とする、もっとも難しい製法」とも書かれていた。

俄然この製法に興味を持った僕は、他の本にも記述がないか探してみた。

そして、夕方に生地を仕込むことから「アーベントタイクAbendteig（夕方、晩の生地）」と呼ばれることを知った。

本来、アーベントタイクは〝工房で生地を一晩中発酵させる〟ものだが、僕は、冷蔵設備がある現代ならば、あえて温度の不安定な工房で生地をねかせる必要はないと考えた。それを使って生地の温度管理をすれば、充分に発酵時間をとった、なおかつ安定した生地ができるはずだ。

さっそく家で生地を作り、室温で発酵させてから冷蔵庫へ一晩入れてみた。そして翌日、生地を室温に戻して分割、丸め、成形と、いつもどおりに作業を行った。

結果は、初めての挑戦だったわりにうまくいった。焼き上がったパンの香りがとてもよく、味わいもよりよく感じられた。

こんなすごい製法が昔からあったとは。自分は忘れ去られていた過去の製法を再び見出して、そこに少しばかり改善を加えた——不遜にも、このとき僕はそう思っていた。先人の知恵である「アーベントタイク」という製法を、現代のテクノロジー（といっても冷蔵庫だが）と結びつけることで、長時間労働の問題を解決し、なおかつ長時間発酵をとった質の高いパンを作れる方法を見出したのだから。

自分は何かすごいことをつかみつつある。

そんな実感があった。

……と、ここまで読んで「なんだ冷蔵発酵、もしくは低温長時間発酵のことではないか」と思われた方もいるだろう。

そう、まさしくこれは冷蔵発酵のことだ。

自分が再発見したと思った昔からの製法は、ドイツの隣のフランスでは、すでに（少なくとも僕の修業当時には）広く行われていたものだった。

帰国後に読んだスティーヴン・L・カプラン著『パンの歴史』によれば、フランスでは1930年代半ばには冷蔵発酵のための設備が開発されていた。しかし、この方法はあまりにも伝統からはずれていると、当時は受け入れられず、1950年代末以降、冷蔵設備の発展とともに徐々に広まったようだ。

また、日本の資料も見つけた。やはり帰国して間もないころ、東京・神保町の古本屋で手に入れた『パン科學』（阿久津正藏著）という本にパン生地の冷蔵発酵にふれてあった。この本が出版されたのは、なんと昭和18年（1943年）だ。

＊

一方、ドイツの本では、１９２７年刊行の『Bäckerei, Konditorei und Müllerei einst und jetzt』にもアーベントタイクについての記述を見つけた。

それによれば、１９１８年にパン屋の夜間労働禁止の法律が制定されたという。この法律は、労働者保護の観点からできたものだったが、大きな問題があった。それまではパン職人が夜中から働くからこそ、人々は朝食に焼きたてのブレートヒェンを食べられたからだ。

法律にしたがいながらも、なんとか朝一番にパンが焼き上がる方法を、と模索されて考えられたのが、アーベントタイクだった。そして、「この夕方に仕込む生地はイーストをかなり減らすべきだ」とも書かれてあった。しかし、この方法は当時のほとんどのパン職人に、実現不可能とみなされていたようだ。その本には「そんなにイーストを減らしたら生地は発酵をしないだろうし、パンも満足のゆくものはできない」とある。

アーベントタイクにふれているのに、それよりもイーストをたくさん使い、発酵をほとんどとらずにすぐに焼き上げる方法を推奨していた。

確実性が高いからだろうか？

スイスの本では肯定的だったアーベントタイクは、ドイツの本では否定的だった。

これには二つの理由があると、僕は推測している。

まず一つは、この本が出た当時、まったく新しい製法だったために、職人の経験値が少なかったこと。なにしろドイツの本の方がスイスの本より20年以上も古いのだから。

そしてもう一つは、当時のドイツの小麦の品質に理由があったのではないか。東ドイツ時代の教科書の著者、ヴァルター・ヴェルニッケは別の著書で「昨今のドイツの小麦は、タンパク質が少なく力が弱いので、一次発酵を長くとるべきではない」と述べている。この本は１９３８年に出ているので、少なくともこの当時の小麦は、アーベントタイクには向いていないと推察される。

たしかにスイスの本にも、この方法は「タンパク質が少ない粉には向いていない」とあった。裏を返せば、「タンパク質が多く、力が強い小麦ならば、この製法は向いている」と言える（→Memo）。

僕はいずれ、自分で好きなようにできる環境になったら、一次発酵にアーベントタイクを取り入れてパンを作ろうと考えた。

Memo
アーベントタイク
Abendteig
「アーベントタイク」という言葉は
1900年代前半の古書で見つけたもの。
僕は「低温長時間発酵」を
表す言葉として使っているが、
本来は「夕方、晩の生地」の意味。
じつはドイツのパンの本でも
ほとんど見かけない言葉だ。
似たような表現として、
現代の製パンの専門誌などでは、
Langzeitführung（長時間発酵）、
Gärverzögerung（発酵を遅らせる）
などという単語が使われている。

＊

自宅では、いろいろな条件でアーベントタイクを試してみた。

それまではストレート法のパンを作るときは、一次発酵を室温で3時間はとっていた。生イーストの量は、粉の重量の約２％が基本だ。

まず、イーストの量は減らさずに室温での発酵を短めにとった生地を一晩冷蔵発酵させてみた。すると、まずまずのパンができた。やはり温度管理された冷蔵庫に入れると、生地は安定感を保ちながら発酵がゆっくりと進む。思ったとおりだ。

これなら本にあったように、イーストの量を減らせるだろう。

イーストが減れば生地の発酵は遅くなり、時間がかかる。

ただし、小麦粉に含まれるタンパク質の量によっては気をつけなければならない。タンパク質が多い小麦粉であればグルテンが充分に形成されるので、長時間の発酵でも耐えられるが、そうでなければ生地はダレてしまうからだ。

また、発酵の時間が長すぎると、生地に含まれる糖分がイーストに食べ尽くされてしまう。そのような生地でパンを焼いても、味がぼやけたり、酸味が出たり、焼き色が薄くなってしまう。

そういえば見習いのころ、生地を丸1日室温で発酵させてみたことがある。一日たった生地はすでに酸っぱくて、オーブンの中でクラスト（パンの表皮部分）になかなか色がつかなかった。焼き上がったパンは、やはり酸味が強すぎて食べられたものではなく、イーストが多すぎたのだろうが、長時間発酵が無条件でよいわけではないと知った。

徐々にイーストの量を減らしながら、室温と冷蔵庫、それぞれの発酵時間を検討した。当時は１％前後まで減らしたと思う。

さらに何度か試すうちに、どのような生地でもいたずらに長時間発酵をとるのではなく、ある程度温かい場所で発酵させてから、適切な時点から冷蔵庫で冷やす方が、焼き上がったパンがおいしくなることもわかってきた。

その理屈は、あとにマイスター学校で「発酵」と「熟成」の関係について学び、明らかになる。

「発酵」は、パン作りにおいて味の決め手となる工程だ。発酵によって、生地を膨らませる炭酸ガスとともに、味や香りとなる成分も作り出される。そこには酵母と酵素が密接に関係しているが、主な働きは酵母によるものだ。酵母は35℃前後の温度帯でもっとも活発に活動し、それ以下では徐々に鈍くなる。そして5℃以下になると完全に停止する。

一方、ここで言う「熟成」とは、生地が5℃以下になり、もはや酵母は活動していないけれども、酵素は活動している状態を指す。酵素はマイナス18℃になってようやく活動を停止するので、冷蔵状態でも旨みに関係する成分を作り出し、生地の熟成が進む。

僕は意図的ではなかったが、生地を室温で「発酵」後、冷蔵庫で「熟成」させていた。もっともドイツにいる間は、冷蔵庫で発酵させれば安定した生地になる、という認識以上のものはなかったのだが。

家庭用の冷蔵庫では温度設定をいろいろと変えて試すようなことはできなかったし、熟成をより意識して考えるようになったのは、帰国してからだ（→183ページ）。

湯種

さて、一次発酵に「アーベントタイク」を取り入れることで、僕の中ではパンのおいしさを決める発酵（熟成も含む）に充分時間がとれるめどがたった。

発酵を長くとった生地は、そうでないものに比べて粉と水がなじむ〝水和〟が進んでいる。そのため、ある程度クラム（パンの表皮を除いた柔らかい部分）の焼きたてのおいしい状態が長持ちする。その点でもアーベントタイクを取り入れることは理にかなっていた。

この焼きたての状態、つまり〝パンの新鮮さ〟をもっと長持ちさせる方法はないだろうか。

このことはずっと以前から考えていた。ドイツでは人々が朝早くからパンを買いに来るので（パン屋は朝の6時半からオープンしていた）、焼きたてのブレートヒェンを朝食で食べることができる。でも日本では日中、もしくは夕方にパンを買って、翌日の朝食用にすることが多いと思う。１日たったパンはその日のうちに食べるものとは風味も食感も変わっている。

どうにかして、パンの新鮮な状態が少しでも長く保てるような製法を探したかった。

＊

〝パンの新鮮さが長持ちする〟とは、〝パンの老化が遅い〟という意味でもある。

焼きたてのパンはクラスト（パンの表皮部分）がパリッとして、クラムはしっとりとしているが、時間とともにクラストは柔らかく、クラムはパサついて香りも失われてゆく。これを「パンの老化」と呼ぶが、それは単に水分が失われたというだけではない。

生地は、焼かれるときに温度が上昇し、やがてデンプンが水を吸収して膨張し、アルファ化（糊化）する。

焼き上がったパンはこのアルファ化されたデンプンのおかげで柔らかな食感をしばらく保つ。しかし、時間とともにパンの水分は蒸発し、デンプンと結合していた水分が抜けて前の状態に戻ってしまう（ベータ化）。これがパンの老化の主な原因だ。

中学生か高校生のころ、買ってから2日はたっていた食パンを電子レンジにかけたことがある。すぐにパンから湯気が立ち上がり、ふわふわの状態になった。そのプロセスは、何年もたってドイツの職業学校（ベルーフスシューレ）で理解したのだが、これは電子レンジのマイクロ波によって生地の中に含まれる水分が温まり、ベータ化したデンプンが再び水分を吸収し、アルファ化した現象だ。

この老化を遅らせるためには、どうすればよいか？　それも自然な方法で。

残念ながらクラストはいくらしっかりと焼き込んでもパリッとした状態を翌日まで保つのは難しいが、クラムは吸水を上げれば、みずみずしさをしばらく保つことができる。

そこで注目したのが「湯種」だ。

Memo

湯種と中種

湯種はドイツ語で
「ブリューシュトゥックBrühstück」。
本捏ね（ミキシング）の前に、
あらかじめ生地（種）を仕込む点で、
中種法(→155ページ)の中種に似ているが、
湯種は粉と熱湯を混ぜただけの
デンプンの塊なので
中種のように発酵はしない。
湯種は、吸水を増やすための種だと
考えるとわかりやすい。

湯種とは、粉に熱湯を加えてデンプンをアルファ化させた生地のことだ。材料は、小麦やライ麦の他、ジャガイモや米など、デンプン質を多く含むものが適している。この湯種を冷ましてから、本捏ね（ミキシング）のときに他の材料と一緒に混ぜれば、生地全体の吸水を増やすことができる（→Memo）。

僕は湯種というのは、食パンにもっちりとした食感を出すために考えられた、日本ならではの製法だと思っていた。ところがヨーロッパでは過去何世紀にもわたり、質が悪くて吸水しにくい粉を改善するために用いられていた方法だと、ドイツで知った。

実際、修業先でも湯種を用いたパンがあった。

最初の修業先では、一部のパンに「クヴェルメールQuellmehl」という湯種を乾燥させた粉末を使っていた。これはパンを日持ちさせるためのイーストフードだ。次の修業先では、ゆでたジャガイモを生地に練り込んだ「カルトッフェルブロートKartoffelbrot」というパンを焼いていたし、最後に働いたユルゲンの店では、大麦を粒のまま鍋で炊いて、それをライ麦パンの生地に混ぜていた。

いずれも生地の吸水が多く、日持ちのするパンだったと思う。

＊

ドイツには、こんなことわざがある。

「Teig fest und warm, macht den Bäcker arm, Teig kühl und weich, macht den Bäcker reich.（高温で硬い生地を仕込むことはパン屋を貧しくし、低温で柔らかい生地はパン屋を豊かにする）」

硬い生地は水分が少ないのですぐにパサつく原因になるし、高い温度で生地を仕込めば発酵に時間がかからないぶん、味も香りも出ない。結果、質の悪いパンを売ることになるのでパン屋は繁盛しない。一方、水を充分に含んだ柔らかい生地を低温で仕込むことは、必然的に長時間発酵させることを意味し、それは風味がよく、日持ちのよいパンになる。つまり、質のよいパンを作ることによって、パン屋は豊かになれる。パン作りで質が問題になるときに、よく出てくることわざだ。

皮肉なことに、僕が滞在していたころのドイツでは、多くの店がまさに自らを貧しくするようなパンを焼いていた。ドイツの最初の職場では、イーストが速く活発に働くように生地の温度を高くして、一次発酵をまったくとっていなかった。また、機械でも扱いやすいように、吸水は控えめでかなり硬めの生地だった（→Memo）。朝に焼き上がった

Memo

生地の吸水

小麦粉のタンパク質の量が多いほど
生地の吸水を増やすことができ、
吸水が多いほど生地は柔らかくなる。
パン用の小麦粉（強力粉）の場合、
吸水率は60～70％が一般的。
柔らかい生地は扱いにくく、
分割機や成形機などを使うと生地の
組織が壊れる（機械耐性が悪い）ので
機械化と合理化が進んだドイツの
パン屋では硬めの生地が主流だった。

ブレートヒェンなどは、夕方にはパサついてとてもおいしいとは言えなかった。

もちろん、例外もあった。

ドイツでの3店目の修業先、コンスタンツのパン屋だ。そもそも吸水の多い生地に興味を持ったのは、ここで働いた経験も大きい。

この店ではほとんどの生地が、まるでスープのように（ドイツではとても柔らかい生地のことをこう表現する）ドロドロの柔らかい状態だった。生地の様子を見ながら水を加えるので、吸水量は正確ではないが、90％くらいだっただろうか。

一次発酵後に生地を分割するとき、普通は作業台や手に粉をふるところを、柔らかすぎてくっついてしまうので、作業台を水でぬらし、分割や成形も手でぬらしながら行った。焼き上がったパンは、上には膨らまずに平べったかった。

とはいえ、翌日でもクラムはみずみずしかった。パンがおいしいと評判で、行列の絶えない店だったので、前述のことわざをそのまま体現していたと言ってもいいだろう。

僕はここで働きながら、密かに「湯種も使えばいいのに」と思っていた。

湯種を使えば、単に吸水を増やした生地とは異なった効果を得ることができるから。

たとえば、食パンをストレート法で作るとする。

吸水70％くらいまでなら、普通のミキシングで柔らかめの生地を作ることはできるが、90％を超えると、やはりスープみたいな生地になってしまい、そのあとの作業はまともにできない。

ところが、生地の一部に使う粉であらかじめ湯種を作り、残りの粉や他の材料を合わせれば、吸水量を１００％、場合によってはそれ以上にできる。湯種のアルファ化したデンプンが大量に水を取り込めるからだ。湯種で仕込んだ生地は、まとまった扱いやすい生地になり、成形後もくずれにくいので、窯入れもしやすい。

もし、コンスタンツの店で湯種を使えば、全体の吸水量を変えなくてもスープのような扱いにくい生地にはならなかったと思う。そして、もう少しまし な形のパンに焼き上がっただろう。老化も遅くなるので、パンの新鮮さも、さらに長持ちしたはずだ。

ただ、どの店でも皆、自分のやり方には自信を持っている。

以前、仕事の進め方や配合に関して意見を言ったら、オーナーに「それはいいかもしれないが、そういうことは自分の店でやってくれ」と言われたことがあった。

それ以降、「こうした方がいい」と思っても、いずれ自分が自由にできる環境になったときに実行できるように、メモするだけにとどめておくことにした。

＊

このころ、自宅ではすでに湯種を用いた生地を仕込み、アーベントタイクで一次発酵をとるパンの試作を繰り返していた。

湯種作りは、粉と熱湯を混ぜるだけのとてもシンプルな工程だ。

ダマができないように熱湯を先にボウルに入れてから粉を加えてよく混ぜる。デンプンがアルファ化して、もっちりした状態になればでき上がりだ。

日本では粉と水を同量で作る湯種をよく見かけるが、理論上、デンプンはアルファ化する際に数倍の水を取り入れることができる。湯種自体がゆるくなりすぎず、扱いやすいように、僕は粉に対して2倍量の水（湯）を配合することにした。

Memo

湯種の配合

教科書や古書には全粒粉のパンのレシピに湯種の配合が載っているが、ほとんどがサワー種を使ったライ麦の全粒粉パンだった。僕は全粒粉でも小麦とイーストで発酵させるパンを作りたかったので、中種法でスタンダードな「種３割」の配合を参考にして試してみた。

問題は全体の生地のうち、湯種をどの程度の割合にするかだ。湯種の割合が多いほど、無理なく吸水は上げられる。ただし、多ければいいというものでもない。

たとえば小麦粉に熱湯を注ぐとタンパク質が変性してしまうため、湯種にはグルテンが形成されない。だから湯種の割合が多いほど、パンのボリュームは落ちる。

さらにアルファ化したデンプンはもっちりとするので、そういった食感を求めないパンには向かないだろう。

全粒粉でパンを作り始めたときは、まずはできるだけ吸水を上げようと考えた。

材料は、小麦の全粒粉とイースト、塩、水。粉の3割分を湯種に用いて、全体の生地の吸水を１１０％にしてみた（→Memo）。これは、生地に使う全体の粉を１００％として、そのうち粉30％とその倍量（60％）の熱湯で湯種を作り、本捏ね（ミキシング）の際に残りの粉70％と湯種、イーストと塩、そして水50％分を合わせる計算になる。

吸水110％となれば、コンスタンツの店の生地よりも多い。

予想どおり、捏ね上がった生地は柔らかいものの、ある程度はまとまっていた。しかもそのあと、アーベントタイク（低温長時間発酵）をとると、生地が冷えてさらに締まり、扱いやすくなる。焼き上がったパンも平べったくはなく、そこそこに膨らんだ。

僕はこの結果に満足し、湯種は3割配合（生地全体の粉の3割分を湯種にあてる）にすることにした。

もっとも帰国後には減らすことになるのだが、当初はパンの新鮮さが長持ちすることに過度に重きを置いていたために、それでよしとしていたのだ。今、思えば焼き上がったパンはボリューム感がなく、何よりももっちり感が強すぎたと思う。

当時は、ドイツのことわざとコンスタンツのパン屋での経験から、とにかく吸水が多ければそれでよい、と単純に考えていた。

麦芽（モルト）

「アーベントタイク」に「湯種」を組み合わせることにより、充分に発酵をとり、老化の遅いパン作りが可能になった。この二つは、僕にとってパンの製法を考えるうえで、大きな軸になっている。

そしてもう一つ、製法とは違うが、ドイツ修業を始めてすぐに、パンをよりおいしくするために着目していた材料があった。生地にほんの少しだけ加えるだけで、パンの香ばしさや味に深みを与えてくれるものだ。

それが「麦芽（モルト）」だった。

＊

見習いとしてドレスデンで働いていたころのこと。

修業先の「ベッカライ・ヴィプラー」では発酵をまったくとらず、ほとんどの工程を機械に頼った合理的なパン作りをしていた。それでも焼き上がったばかりのブレートヒェンは香ばしく、少なくとも数時間はそれなりにおいしかった。

ところが自宅で同じようにブレートヒェンを作っても、何かもの足りない。一次発酵を3時間ほどとっていたのに、店のパンには味も香りも及ばなかった。

その差は、麦芽によるものだった。粉もイーストも店と同じだったのに、僕は材料をシンプルにしたくて麦芽だけ抜いていたのだ。

麦芽とは、大麦や小麦などの穀物を発芽させたものだ。その定義は諸説あるものの「最古のバックミッテルBackmittel」とも言われている。バックミッテルとは、生地改良剤としての添加物であるイーストフードを指すが、もともとは「パンを焼くための補助」という意味である。

つまりは生地をよりよく、扱いやすくするためのものだ。歴史をたどれば、そこにはパンの品質を高めようとしてきた先人の知恵が詰まっている。

子供のころ、「ミロ」という名前の麦芽を配合した粉末があった。牛乳で溶かして作る飲み物で、それを飲むと〝強い身体を作れる〟といったことを宣伝していたように思う。そんなこともあって、麦芽にはよいイメージがあったのだが、それがどんな働きをするかは知らなかった。

ヴィプラーで使っていたのは純粋な麦芽の粉末だったが、次の修業先やマイスター学校の実習では、「Malzhaltige Backmittel（麦芽を含んだイーストフード）」を使っていた。これは、麦芽を主原料に乳化剤や増粘剤などの添加物を含んだ、一般的なイーストフードだ。粉に対してわずか2％ほど配合するだけで、生地の発酵が速く進み、パンの食感や味までが顕著に変化する。

具体的に言えば、パンがより大きく膨らみ、風味豊かになる。さらに焼成時の色づきもよくなるうえに、クラスト（パンの表皮）はよりクリスピーな食感になる。修業先でも学校でも、それを実感した。

僕は、自然界に存在しない添加物には興味はない。しかし、麦芽そのものは自然の食材だ。それでいて生地を改善できる点に惹かれた。

*

イーストフードに興味を持ってからは、その歴史とともに、麦芽がどうして用いられるようになったのか調べるようになった。

１９４１年に刊行された『Die Backhilfsmittel』という本がある。イーストフードに関するもっとも古い専門書だ(→Memo)。

Memo

バックミッテル
Backmittel

イーストフードに関する最古の専門書
『Die Backhilfsmittel』は1941年刊、
当時のイーストフードを指す言葉だ。
Back、Backenは「パンを焼く」、
Hilfsmittelは「補助」という意味。
いつのころからかはわからないが
今ではイーストフードは
「Backmittel」と呼ばれている。

そこには「イーストフードは最近の発明ではなく、ヨーロッパでは過去何世紀にもわたり、パン屋の経験から発展してきたもの」と書かれている。ごく身近な例としては、ライ麦の生地に小麦を少し混ぜることによって生地を締める、反対にグルテンが強すぎる小麦の生地には蕎麦粉、トウモロコシ粉、ライ麦粉などを混ぜることによって生地をゆるくするといったようなことが挙げられていた。

また、グルテンの力が弱い小麦の生地には、柑橘類の果汁を加えると生地が締まることは古くから知られている。

生地をよりよくするためには、そういった昔から経験的に知られていた方法がいくつかあったが、最初にイーストフードとして工業製品化されたのが、１８５９年にイギリスで製法の特許を取った製パン用の麦芽（モルト）だ。

背景には、その少し前に製パン用イーストが開発されたことが関係している。

それ以前のパン作りには、自家培養のサワー種（→249ページ）や、ビール用のイーストが使われていた。しかし、サワー種は本捏ね（ミキシング）の前に、何日もかけて仕込まなければならず、また、ビール用のイーストは高価なので、使う量を節約するために中種を仕込む必要があった。少量のイーストであらかじめ生地（種）を作れば酵母菌が増えるためだ。

アーベントタイクの項でもふれたが、この製パン用のイーストの普及によって、粉とイーストを含むすべての材料を一度に仕込める合理的なストレート法が広まった。

しかし発酵時間が短いぶん、酵母の食物になる糖分が少ないので、それを補う必要が生じた。そこで、麦芽が用いられるようになったというわけだ。

麦芽は酵素を多く含むため、麦芽を加えた生地は発酵の早い段階で糖分が生じる。すると酵母の働きが活発になり、発酵の速度が速まる。また、糖分が多いため焼き色もよくなる。おそらく発芽被害にあった麦（→Memo）でパンを焼くと発酵が速く、色づきもよくなることが経験的に知られていたのだろう。

なお、イーストフードの誕生に関しては、ヨーロッパと

Memo

発芽被害の小麦

小麦は収穫前に雨が降ったり、
極端に湿度が高いと発芽してしまう。
そのような小麦は、酵素活性が
強すぎてデンプンが分解されてしまう。
（低アミロの小麦→129ページ）
そのため通常の加水で生地を仕込めば
ドロドロしたものになる。
糖分が多いため、発酵は速く進み、
色づきもよいが、パンの膨らみは悪い。

アメリカとでは事情が異なる。日本の製パン技術は戦後、アメリカからの影響が大きかったので、こちらの方がもしかしたら一般に知られていることかもしれない。それは、アメリカのある製パン会社が、同じ原材料を使用していながら、工場によってパンの品質が異なるのはなぜなのか、と研究所に依頼したのをきっかけに、イーストフードの歴史が始まったというものだ。このときの原因は、水に含まれるミネラル（無機質）の違いだったことから、さまざまなミネラルをミックスしたものが、生地に添加されるようになったという。

今ではイーストフードといえば添加物と認識されているが、麦芽やミネラルのように、そもそもは自然の素材が使われていたはずだ。

さらに掘り下げていけば、自然の素材だけでよりよいパンを作るヒントが得られるだろう。実際、このころに得た知識はのちのパン作りにも役に立っている（→Memo）。

Memo

オレンジ果汁の事例

店を開いてから数年たったころ、山食パン（トーストブロート）の小麦粉の力が弱くて、生地が全然膨らまなかったことがあった。このときオーガニックのストレートのオレンジジュースを少し加えてみた。アスコルビン酸（ビタミンC）などの市販の添加物のような劇的な効果は望めないが、ある程度は生地が締まり、品質が改善されたように感じられた。

＊

ところで麦芽の原材料には、酵素が多いことから大麦がよく使われる。ならば、「麦芽ではなく大麦をそのまま使っても効果があるのでは？」と考えたが、発芽させないと意味がないとすぐに知った。

麦に含まれる酵素は、大麦にしろ小麦にしろ発芽するときに著しく増える。しかも、ただ単に発芽させればいいわけでもない。

前述のイーストフードの専門書には、かなり詳細に製パン用の麦芽の製造方法が書かれていたが、簡単に言うと「大麦を水に浸して17～18℃で発芽させ、芽が一定の長さになった段階で40℃で乾燥し、発芽を止める。これを製粉して粉末にする」というものだった。この過程で麦芽特有の味と香りが生み出され、また長期保存が可能になるという。

ドイツ修業時代に、この麦芽を自分で作ってみたことがある。

シャーレに水を張り、大麦を1週間ほど浸す。するといっせいに小さな芽がプツプツと出てくる。この発芽した大麦を自宅のオーブンに入れ、40℃くらいになるように扉を開けながら注意深く乾燥させる。これを手動のコーヒーミルで粉末にし、生地を仕込むときに加えてみた。店で使っている麦芽のようにはいかなかったものの、加えなかったときと比べると確かにクラスト（パンの表皮部分）の色づきはよく、味も香ばしく感じられた。

さらにこのときに、とても印象深いことが起きた。

粉末にした麦芽を密閉容器に入れて保管していたのだが、2～3日たったある日、〃ボンッ〃という大きな音とともに、容器の蓋が吹き飛んだのだ。

あらためて酵素活性の力はすごいと思った。同じ麦でも、発芽させて熱を加えるというプロセスを経ただけで、これほどまでに違うものになる。

この自然の力を秘めた麦芽に魅力を感じたので、そのあとも何度か試作で使ってみた。ただし、全粒粉のパンには加えなかった。一般認識として、栄養分が豊富な全粒粉の生地にはイーストフードとしての麦芽は必要ないので、とくに意識していなかったからだ。帰国後、麦芽を見直すことになるのだが、それについては後述する（→190ページ）。

小麦全粒粉100％のパン

ゲゼレ（職人）として働きながら古書を読み、自宅で試作するなかで、僕は次のような製法にたどり着いた。

1. 小麦の全粒粉に熱湯を混ぜて湯種を作る。
2. 湯種が冷めたら、全粒粉とイースト、塩を合わせ、水を加えながらミキシングする。
3. 捏ね上がった生地を、ホイロである程度発酵させてから、一晩冷蔵庫で熟成させる（アーベントタイク）。
4. 翌日、分割し、丸めて成形し、二次発酵を経て窯入れ（焼成）する。

一つ気になっていたのが、当時、こういった製法で作られる全粒粉のパンをドイツでほとんど見かけなかったことだ。

1990年代後半のパン作りは、発酵時間をほとんどとらないノータイム法が主流で、ライ麦の全粒粉パンはもちろん、小麦の全粒粉パンにもサワー種（↓249ページ）を添加していたし、機械で扱いやすいように吸水を少なくして硬い生地を仕込んでいた。

サワー種を加えること自体は、たしかに優れた方法だ。種そのものが長い発酵をとっているので水和が進んでいて、パンの風味もよくなる。ただし、サワー種を使うとどうしてても酸味が出てしまう。それに、発酵時間をかけないぶんサワー種で風味を補うよりも、イーストだけできちんと発酵をとって風味を作り出していく方がよいと思えた。

自分の考えは本質を突いているという確信みたいなものはあったが、それでも自己満足だけではない、何か承認のようなものが欲しかった。

異国の文化を学んでいる身としては、好き勝手に〝ドイツ風のパン〟を作っていると誰かに思われるのはいやだったから。

かといって、当時のドイツのパン作りをそのままコピーすれば、小麦のパンでもサワー種を使ったり、発酵時間をとらなかったり、添加物を使うことになってしまう。

自分が心から味と質に納得した製法が、我流で適当に作ったものではないということを、僕はドイツのパン屋、もしくは文献に見出したかった。

しかし、その作業は予想以上に難航した。

教科書であれ、古書であれ、小麦全粒粉のパンに割いている頁が少なく、深いところまで突っ込んだ記述がなかなか見つからなかったからだ。

小麦の全粒粉のパンといえば、もっとも有名でドイツでも広く知られているものに「グラハムブロートGrahambrot」がある。全粒粉の栄養価に着目し、健康的なパンとして1829年にアメリカの医師、シルベスター・グラハムが提唱したものだ。

今では、いろいろなグラハムブロートの製法が広まっている。しかし、オリジナルのレシピはサワー種を使わないばかりかイーストも、塩さえも入れずに、小麦の全粒粉と水だけで作られていた。おそらくほとんど膨らんでいなかっただろうし、塩も入っていないのでは、身体によくてもさすがに食べられたものではなかったと思う。

そんなわけで、しばらくは有意義な資料は見つからなかった。

それでもマイスター学校に入る少し前には、アーベントタイクを見つけたスイスのパンの本（→155ページ）にサワー種を使わずにイーストのみで作る小麦全粒粉のパンの製法を見つけることができた。また、マイスター学校を出てから働いたコンスタンツの店やユルゲンの店でもイーストだけで小麦全粒粉パンを焼いていたので、少し安心した。

ところが、湯種に関してはなかなか見つからなかった。

全粒粉のパンの製造法には湯種を用いるものは多い。しかし、そこに書かれているのはライ麦の全粒粉パンばかりだった。前出のイーストフードの専門書『Die Backhilfsmittel』

（→174ページ）には、「湯種の起源は、何世紀も前にハンガリーで、ジャガイモをゆでたもの（つまり湯種）を大型の小麦パンに使っていた」とあるのに。

＊

帰国も間近になった２００３年、気になる資料を見つけた。

ドイツのパンの月刊専門誌『ＤＢＺ』に「チャンピオンシリーズ」と銘打って、〃本当に質の高いパン〃を作るための記事が連載され始めたのだ。

僕はドイツに渡ってから二つの専門誌を定期購読していたが、それまでは本気で「これはすごい」と思える記事や連載はなかった。パンの品質を追求する「Qualität《クヴァリテート》」、つまり〃クオリティ〃という言葉を用いた特集記事があっても、その中身は発酵時間をたいしてとらない中途半端なものばかりだったからだ。

しかし、このチャンピオンシリーズは違っていた。

柔らかい生地作りの重要性や長時間発酵をとることなど、それまでにはなかった品質重視の姿勢が見てとれた。

「全粒粉のパン」がテーマの回は、次のような文章で始まっていた。

――驚くべきことに、全粒粉について書いてある過去の文献で価値のあるものは、ほとんど見当たらなかった――

僕もまったく同意見だったが、それをドイツの専門誌が自ら認めたことに驚いた。それまでは、どんなものであれドイツの手工業の素晴らしさを訴える記事がほとんどだったから。まあ、これはドイツに限らず日本でもそうなのだが。

記事によれば、全粒粉の粒子は細かい方がよく、既存の教科書に書かれている（生地に加える）水の量は最低限の数字であり、もっと吸水を増やした柔らかい生地がよいとのこと。そして、小麦全粒粉のパンでは、粉、もしくは雑穀類の一部を水に何時間も漬け込んで水和を促すことを推奨し、より効果的な方法として水ではなくお湯、つまり湯種を用いることも書いていた。

また、２００３年、時期を同じくして刊行された『Brotland Deutschland Band 3』では、はっきりと「小麦全粒粉の生地に湯種を用いる」ことを勧めていた。

こうした記述を読んで、僕はようやく胸のつかえが降りた。

これで自分がやろうとしていることに、確信が持てるようになった。

湯種とアーベントタイクを取り入れた製法をもとに、イーストで発酵させて焼き上げる小麦の全粒粉のパン——それは、世界でいちばんパンの種類が多いと言われるドイツで学んだ僕が、もっともいいと思って選んだパンだ。

帰国するころには、フォルコンブロートの製法は、ほぼでき上がっていた。

＊

帰国後、あらためて日本で手に入る材料で配合やレシピを見直していった。

小麦がドイツ産から北米産に変われば当然配合の調整をしなければならないし、ビオレアルのドライイーストは初めて使うので、発酵の温度や時間の見極めにはある程度の時間が必要だった。

以下、フォルコンブロートの製法のなかでどのように検討したのか、「アーベントタイク」、「湯種」、「麦芽」に焦点をあてて具体的に解説していく。

アーベントタイクについて

帰国後、機材を探しているとき、アーベントタイクにうってつけの冷蔵庫を見つけた。庫内はつねに90％前後の湿度を保ち、マイナス4℃くらいからプラス16℃くらいまでと幅広く温度設定できるという「恒温高湿庫」だ。最近はパン屋への導入事例が少しずつ増えているようだが、僕が使い始めたころはまだ一般的ではなかった。

この恒温高湿庫をきっかけに、野菜や魚、肉などの生鮮食品を凍り始める直前の温度帯で保存するとよりおいしさが増し、鮮度が長持ちする「氷温」という概念について知り、アーベントタイクの「発酵」と「熟成」について、より意識するようになった。5℃以下で酵母の活動が止まり、酵素だけが活動するという「熟成」は、「氷温」に通ずるものがあると思う。これについては一考の価値があるだろう。

このタイプの冷蔵庫は日本の冷蔵機器メーカー各社から出ていたが、僕は四つの貯蔵室

Memo

恒温高湿庫

恒温高湿庫は、工夫次第で
さまざまな使い方ができる。
現在は、４室のうち２室は
アーベントタイクの熟成用の冷蔵庫に、
１室は食材保管庫、もう１室の
冷凍室は製氷室として使っている。
また暑い季節には、製粉したての
全粒粉の熱を急速に冷やすにも便利だ。
後述するラントブロート（→246ページ）
などの一部のパンは、二次発酵の
タイミングで冷蔵熟成している。

（1室は冷凍庫）でそれぞれ独立した温度設定ができる点が気に入り、福島工業㈱の製品を選んだ（→Memo）。

実際、導入して大正解だった。

乾燥を防ぐためにビニールなどで生地をおおう必要がないので、庫内への出し入れがスムーズにできて非常に便利だ。ささいなことのようだが、一人でパンを作るうえではとてもありがたい。また、温度設定を変えれば、成形後の生地を二次発酵の段階で冷蔵熟成するようなこともできる。

開業前にアーベントタイクのいろいろな温度帯を試すときも、重宝した。

＊

試作を始めて、まず感じたのがイーストの違いだった。

最初はかなり長時間低温発酵させることを考慮し、イーストの配合量を粉に対して0・5%くらいにしてみた。ドイツでは生イーストで1%くらいまで減らしていたので、乾燥しているドライイーストなら、さらに少なくできるはずだし、タンパク質が多い北米産小麦なのだから、生地も長時間の発酵に耐えられると考えた。

まず、捏ね上げた生地をすぐに冷蔵庫に入れてみた。ドイツでの試作でいったん温かい場所で発酵させてから、冷蔵庫に長時間入れると味が締まるのはわかっていたが、店では大量に生地を仕込むので、生地の中心が冷えるまでそれなりに発酵は進むであろうこと、一人で全工程をこなすため、動線も含めて作業はできるだけシンプルにしたいと考えた。

ところが、15時間たってもまったく生地が膨らまない。ドイツでも同じように生イースト（オーガニックではないものだったが）で試したときは、翌日にはきっちりと発酵して膨らんでいたのに。僕の予想以上にビオレアルのドライイーストは発酵力が弱く、冷蔵庫の低すぎる温度では厳しかったみたいだ。

そのため、やはりドイツでやっていたようにイーストがもっとも活発に活動する35℃前後の温度帯で2時間ほど発酵させて、酵母の力に勢いをつけてから冷蔵庫に移すようにした。すると翌日はしっかりと生地が膨らみ、その方がより自然に思われた。

さらに何度か試すうちに、捏ね上げた生地の温度が低すぎると、発酵が極端に遅くなるのもわかってきた。ただし、この温度はイーストの配合量によっても変わる。

小麦の違いも顕著だった。

スイスやドイツの古い本で見つけた「アーベントタイク」の記述には、「長時間発酵にはタンパク質の量が少ない小麦には向かない」とあったが、思ったとおり、北米産のタンパク質の多い小麦にはとても適していた。

全粒粉１００％の生地を長時間冷蔵庫に入れると、ドイツの小麦では若干生地がダレる傾向にあったが、北米産小麦の生地はダレることがなく、安定している。ミキシングである程度生地を捏ねてグルテンを形成しておけば、焼き上がったパンはボリュームが出て、全粒粉のわりには軽い食感に仕上がった。

＊

こうした材料の違いを確かめながら、さらに「発酵」と「熟成」を意識して細かな温度や時間を検討した。

恒温高湿庫を最高温度の16℃に設定して一晩発酵させたこともある。発酵後の生地の状態は悪くないように思えたのだが、焼き上がったパンの味がぼやけた印象だった。温度が高いぶん、思ったよりもイーストによって糖分が消費されたみたいだ。

やはりホイロでの発酵後、冷蔵庫（恒温高湿庫）で熟成させる方がいい。凍り始める直前の温度でおいしさが増すという氷温の概念から考えれば、フォルコンブロートの生地は、マイナス4〜7℃くらいで凍るので、冷蔵庫は0℃前後がいいだろうと考えた。

もっとも冷蔵庫内でも、ある程度発酵が進む点は考慮しなければならない。イーストの活動が停止する5℃以下に生地が冷えるまでは発酵はゆるやかに進むのだから。

なお、発酵の良し悪しは、生地の膨張具合でだいたいわかる（→Memo）。

イーストの配合量、捏ね上げ温度とホイロでの発酵時間、恒温高湿庫に移す直前の生地

Memo

発酵の目安

生地の膨張具合が発酵の目安となる。
帰国後、アーベントタイクを初めて
試したとき（→184ページ）、
恒温高湿庫に一晩入れても
生地の大きさは変わらなかったのは、
発酵が進まなかったということだ。
反対に発酵が進みすぎて、生地が
ばんじゅう（業務用の薄型容器）から
こぼれ落ちてしまったこともある。
明らかに発酵過多の状態だった。
そんな状態の生地で焼いても、
味気ないパンになってしまう。

の発酵の進み具合、生地の量による温度変化の仕方など、考えられる限りの条件を変えて、生地の状態を観察し、生地と焼き上がったパン、それぞれの味も確認しながら何度も検討を重ねた。

最終的には、イーストの量は0・3％程度まで減らし、生地の捏ね上げ温度は24～25℃、ホイロ（34～35℃）で2～3時間発酵後、恒温高湿庫（0～マイナス1℃）に移し、翌朝まで16～20時間発酵・熟成させる組合せに落ち着いた（もっともこれらの数字も、そのときどきの粉や生地の状態によっても変わる）。

また、生地の仕込み量は日によって違うので、多めのときは恒温高湿庫の温度はさらに低めに、少ないときは少し高めにしている。

なお、恒温高湿庫内に移した生地は、温度が下がって発酵が止まってしまえば、熟成はゆっくりと進む。少なくとも0℃前後の完全に冷えきった生地は、16時間後でも20時間後でも大きな変化は見られない。それゆえ、生地を分割するタイミングの時間には、かなり幅を持たすことができる。これは僕のように、製造を一人で行っている場合はとくにありがたいことだ。

このように他の作業との兼ね合いで時間調整をすることができるのも、アーベントタイクの利点と言えるだろう。

湯種について

質の安定しないオーガニックの小麦でパンを作る場合、湯種を使えばより生地の吸水の調整がしやすいだろうと僕は考えていた。

湯種は本捏ね（ミキシング）の前に、全粒粉と2倍量の水（熱湯）を混ぜて作る。ドイツでの試作の段階では、生地全部に使う粉の3割分を湯種にあてていたので（→170ページ）、最初はその配合で試してみた（→Memo）。

しかし、でき上がったパンは予想以上にボリューム感がなく、もっちりとした食感がかなり強かった。そこで湯種の割合を減らし、なおかつ全体の吸水量を減らさないように本捏ねで加水を増やすなどして、調整していった。

結局、湯種に使う粉を1割減らして20％にし、全体の吸水は変わらず110％になるようにした。具体的には、生地全部に使う粉を100％として、うち20％分の粉とその倍にあたる40％量の熱湯を混ぜて湯種を作り、本捏ねの際に残りの80％分の粉とイーストと塩、そして水70％を合わせる、ということだ。

1年ほど、この配合で焼き続けたと思う……と言うのは、1年もしないうちに検討し直したからだ。

Memo

湯種に使う粉

湯種用の全粒粉は、前日に製粉した粉のうち、できるだけ最後に挽いたものを使うようにしている。石臼で長時間製粉していると、しだいに粉が熱を持つようになる。そのような粉は酵素活性が強くなるが、湯種はデンプンを糊化させたいだけなので、粉に少々ダメージがあっても湯種そのものの品質には関係しない。ほんのわずかの差かもしれないが、本捏ねに使う粉は少しでも状態のよいものを選びたい。

繰り返しになるが、製パンの常識からすれば生地の吸水は60～70％くらいが一般的なので、110％は極端に多いといえる。

しかしながら僕は前述のとおり、生地の加水は多ければ多いほどよいと考えていた。また、ドイツの製パンの冷蔵設備に関する『Die Kälte』という本に書いてあった「水は香りを運ぶ役割を果たすので、小麦の風味を生かしたいなら、もっと生地を柔らかくするべき」という記述にも惹かれるものがあった。

でも今では、粉に対して100％以上の水を加えたのはやりすぎたと思っている。極端な例だが、粉10gに1ℓの水を混ぜたとして、粉の味がわかるだろうか？　もはや水の味しかしないだろう。

水が少ないと老化の速いパンになるが、多すぎれば風味が乏しくなってしまう。

オープン当初のパンは、確かにクラムはしっとりとして新鮮さは長持ちしたが、食感は、まだもっちりし過ぎだったと思う。食パンやベーグルならばもっちりもいいと思うが、フォルコンブロートのようなハード系のパンに僕はそれを求めていなかった。

このパンは、もっと歯切れのいい食感にして、粉そのものの風味を引き出したい。それでいて、焼きたての〝新鮮さ〟を長持ちさせたいと考えていた。

湯種の配合を増やせばもっちり感が強調され、減らせば軽減される。しかし、そのぶんパサつきやすくなる。

Memo

湯種と加水の調整

現在、湯種の配合は１割程度
（生地全体の粉の10%を湯種にあてる）
を基準にしているものの、
実際に生地がどの程度吸水できるかは、
粉の状態によっても変わってくる。
無理やり吸水させても、
生地がダレてしまえば、発酵が
うまく進まず、味が損なわれるので、
その加減が難しいところだ。
そのため、本捏ね（ミキシング）の
際の加水は、捏ね上げる寸前まで
生地の状態を見極め、
そのつど調整しなければならない。

ならば湯種を減らして本捏ねでの加水を増やすべきか、あるいは湯種も本捏ねの加水も減らし、焼成を高温・短時間にして生地の水分を残すようにするか……。生地を仕込むたびに湯種と本捏ねの加水の配合を変えて、老化しにくく、味と香りが引き立つ最適な地点を探った。

２０１４年時点では粉のおよそ1割分を湯種にあてることにし、生地全体で90%強の吸水量に落ち着いている。ただし、粉の状態によって湯種の配合も生地全体の吸水量も微調整を繰り返しているのが現状だ（→Memo）。

麦芽（モルト）について

フォルコンブロートの基本の材料は「小麦の全粒粉、イースト、塩、水」なので、麦芽なしでも作ることはできる。実際、ドイツでの試作段階ではずっとそうしていた。

しかし帰国後、北米産小麦とビオレアルで試作をしてすぐに、小麦の風味の違いが気になった。この麦はたしかにタンパク質が多くて、ボリュームのあるパンができ上がる。味そのものも悪くない。けれども、ドイツで使っていた小麦に比べると独特なクセがありながら、どうも淡白な気がした。

そのとき、ドレスデンで焼いていたブレートヒェンのことを思い出した。麦芽の粉末をほんの少しだけ加えただけで、クラスト（パンの表皮部分）が香ばしく、味に深みが増した。フォルコンブロートでも、同じ効果が得られるはずだ。

材料はできるだけシンプルにしたいという思いはあったものの、自然の素材で改善するならば、味を優先したかった。

その麦芽だが、製パンに使われるものには粉末とシロップ状のものがある。同じ麦芽でも、シロップは粉末に比べて糖分を多く含むため、酵母の働きを促進し、発酵の速度を速める。僕は時間をかけて発酵と熟成をとるアーベントタイクを取り入れるので、発酵速度を速める必要はなかったし、それまでの経験から、粉末の方がシロップよりもクラストが香ばしく、おいしくなるように感じていた。そこで粉末を探したが、オーガニックで唯一手に入ったのは、自然食品で売られている「麦芽の水飴」だけだった。

結局、しばらくは麦芽なしでフォルコンブロートを焼いていた。

麦芽が使えるようになったのは、店を開いて3年がたったころだ。インターネットでビール用だがオーガニックの麦芽の粉末を扱っている酒造会社をたまたま見つけた。

さっそく取り寄せて、フォルコンブロートに粉重量の1％分を加えてみた。

しかし結果は、予想外だった。かえって味を損ねてしまったのだ。

製パン用とビール用では麦芽の焙煎の仕方が異なるからだろうか。それも関係あるかも

Memo

工程の調整例

挽きたての粉がしっとりとした感触の
場合、だいたい“力の強くない粉”だ。
そのような粉は吸水が悪く、
生地がダレやすいため、
ミキシングは吸水を控えめに、
短時間で硬めの生地に仕上げる。
ホイロでの発酵も短時間ですませ、
代わりにグルテンをつなげるように
意識してパンチの回数を増やし、
丸めも強めにして生地に力をつける。
その他、二次発酵も短時間で終わらせ、
クラストが早く形成されるように、
焼成温度を高めに設定するなど、
工程ごとに調整をはかり、
最良の仕上がりを目指す。

しれないが、それよりもアーベントタイクに原因があった。

　麦芽に含まれる酵素によって、長時間の熟成の間にデンプンが必要以上に分解されてしまったのだろう、まったく味気のないパンになってしまった。この現象は予測していたので、ドイツでの配合量より控えめにしたつもりだったが、それでも多すぎた。

　そこで少しずつ配合を減らしていくと、しだいにクラストが香ばしくなってきた。必然的に柔らかいクラムとの食感のコントラストがはっきりし、ふすまが醸し出す素朴な味わいになりがちな全粒粉パンにしては洗練されたものになった。その後、小麦の風味に合わせて調整し、２０１４年時点では、０・３％に落ち着いている。

　しかし、麦芽は、あくまでも補助手段だ。小麦そのものに濃厚な味わいが感じられれば必要はない。麦の味そのものがとてもよいと思えば使わないこともある。

　でも、今現在がそうであるように、収穫年や、土地によってまったく味の異なる小麦をなんとか安定したパンにするためには、とても重宝する自然の素材だと思う。

＊

以上、アーベントタイクと湯種、モルトについて要点を挙げてみたが、これらは全粒粉パンのおいしさを決める大きな要素であるが、パンの仕上がりに関わる検討事項の一部にすぎない。

小麦は産地や収穫年によってタンパク質などの成分値も変わるし、日々、製粉するたびに粉の感触も変わる。現実は、成分値よりもこの粉の感触に頼ることが多く、どのような生地になるのか予想しながら、そのつど配合、とくに水の量を見極める。

さらにミキシングや発酵時間、分割や成形のタイミング、二次発酵の温度や時間など、つねに生地の状態を観察しながら、窯入れ直前の生地がもっともいい状態になるように、工程ごとに調整をはかっていく（→Memo）。

そのようなわけで、これから紹介するフォルコンブロートの製法や具体的な数字も、あくまでも目安だ。

なお、材料の配合は「ベーカーズパーセント」のみで表示している。これは、生地に使う粉の総重量を100％として、その他の材料を割合で表したものだ。ここでは、湯種にも粉を使うので、湯種と本捏ねに使う全粒粉を足したものを100％としている。

実際には、生地を仕込む量は曜日や天候によって変わるので、この配合率から計算して材料の計量を行う。

1．湯種

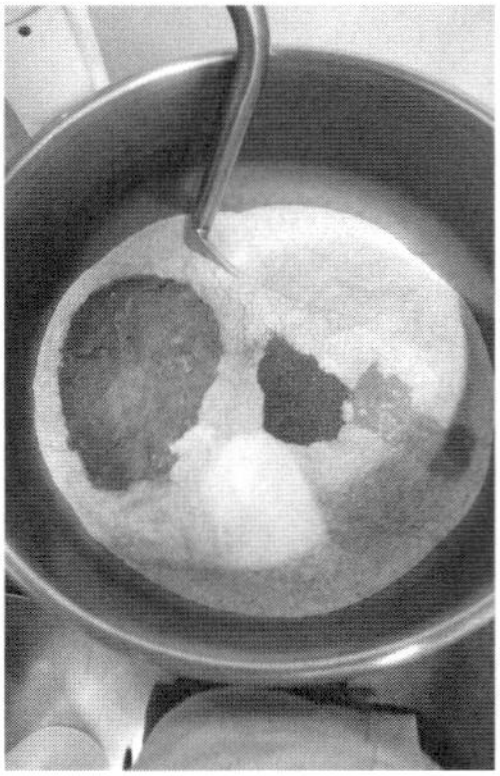
2．ミキシング

3．ミキシング

フォルコンブロートの製法

❖基本の配合

【湯種】

小麦全粒粉……10％

水……20％

【本捏ね】

小麦全粒粉……90％

イースト（ビオレアル）……0・3％

麦芽の粉末……0・3％

塩……2％

水……70％強

※配合は粉の重量を100％とする「ベーカーズパーセント」で表示。

❖1日目

湯種を作る（1）。粉全体の10％分の全粒粉を湯種

4．ミキシング

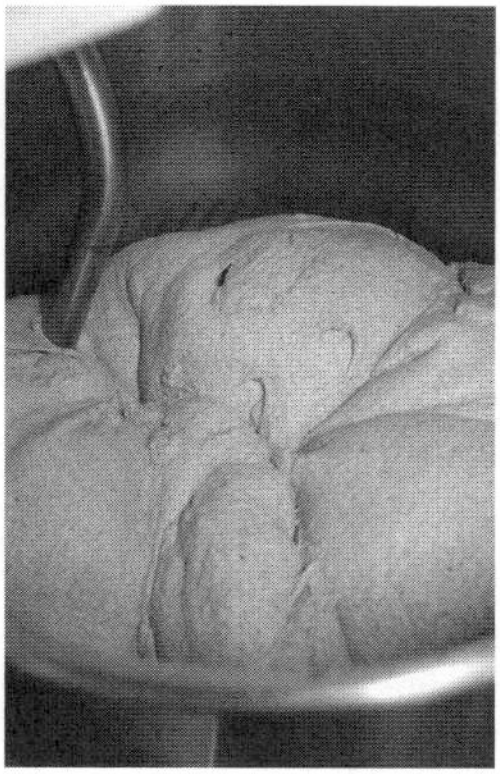
5．ほぼ捏ね上がり

6．約1時間後

用に計量しておく。粉の倍の重量の水を沸かし、完全に沸騰したらミキサーボウルに湯を入れる。その後すぐに粉を入れて、湯と完全になじむまでミキシングする。粗熱がとれたら天板に移し、翌日まで恒温高湿庫（0〜マイナス1℃）で保管する。

❖2日目

本捏ね（ミキシング）。この生地にはフッブクネーター（→217ページ）というミキサーを使う。ミキサーボウルに全粒粉、イースト、麦芽、塩を入れる。イーストは生地の中でダマにならないように、あらかじめ粉とよく混ぜておく。湯種もミキサーボウルに入れる(2)（夏場は生地の温度が上がりやすいので、湯種は冷蔵庫から直接入れるが、冬場はあらかじめ室温に戻してから入れる）。

ミキシングを開始。最初は7割くらいの水を入れて(3)、低速でゆっくり回して、比較的硬めの生地

7．一次発酵

8．発酵後の生地

9．分割

を作る。ある程度生地がつながってきたら（だいたい4分後）、ミキサーの速度を上げて少しずつ水を足してゆく。グルテンがしっかりとできてくる（4）と、しだいに生地の色が明るく、白っぽくなる。

さらに少しずつ水を加えて、表面がなめらかになるように仕上げてゆく（5）。ここまで開始から8〜12分くらい。ミキシングの強さや時間は、粉の状態、生地の仕込み量に応じて調整する。

捏ね上がった生地は、そのままミキサーボウルの中に入れたまま1時間ほど発酵させる（6）。仕事の流れからすぐにホイロに生地を移せないので自然にそうなってしまうだけなのだが、昔のドイツでは捏ね上がった生地をミキサーボウルの中で一次発酵をとっていたので、参考にした（修業したコンスタンツの店では、同じようにしていた）。

ホイロに移す前に、パンチ（ガス抜き）代わりに軽くミキサーを回して生地に刺激を与える。

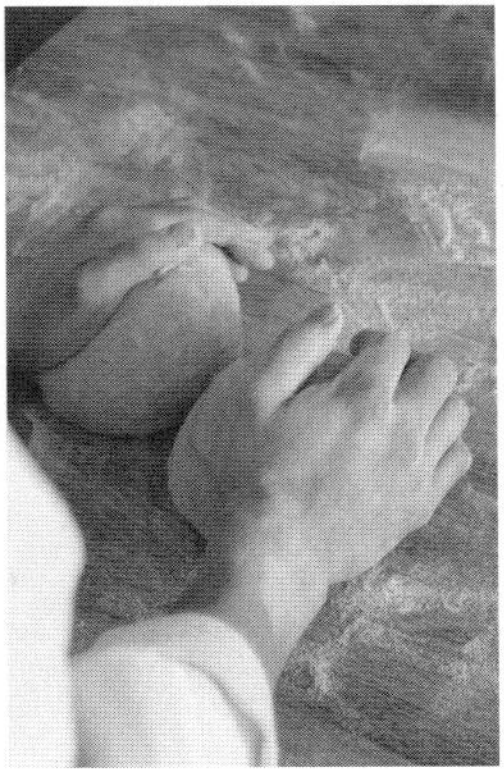
10．丸め

11．丸め

12．成形

生地に弾力があり、しっかりしていれば、その後のパンチは行わないのが基本だが、弾力が物足りない場合は、様子を見ながら何度かパンチを加える。35℃に設定したホイロで2時間ほど発酵させる。この発酵を終えた状態で、ある程度生地がゆるんでいることが大切だ。

その後、ホイロから恒温高湿庫（0～マイナス1℃）に移し、翌朝まで熟成させる（7）。時間は17時間程度。

❖3日目

仕事開始と同時に生地を室温に戻しておく（約1時間）。前日に恒温高湿庫に入れたときよりも、3～5割ほどかさが増している。

作業台に打ち粉をふり、生地を移す（8）。600gずつに分割（9）して、丸める（10・11）。20分ほどベンチタイム（常温で生地を休ませること）をとっ

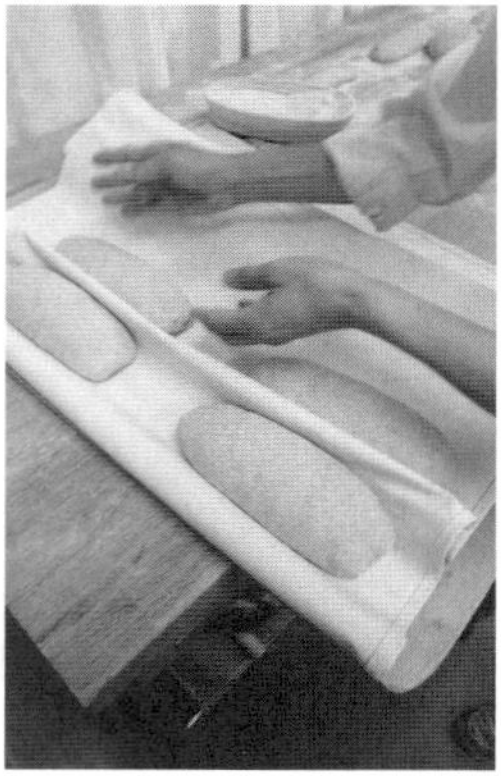
13. 二次発酵準備

14. 二次発酵1

15. 二次発酵2

たあと、ナマコ形に成形(12)して、キャンバス地（パン生地を置く厚手の布）の上に並べ(13)、二次発酵をとる(14)。

このとき、ホイロの1室は34℃に、もう1室は10℃に設定して、まずは34℃で6〜7割がた発酵をとったあと（40分くらい）、10℃に移す(15)。途中で温度と湿度を落とすことで、発酵の速度が遅くなり、窯入れのタイミングに幅を持たすことができると同時に生地の表面が適度に乾燥して窯入れしやすくなる。

二次発酵をどこまでとるかは、粉の質、生地への加水、窯の温度によっても異なるが、だいたい生地が8割がた発酵した段階で、窯入れをする。

キャンバス地ごと傾けて生地を取り板に取り、スリップピール（生地を窯入れするときに使う道具）に移す。表面にクープ（切り込み）を入れる(16)。

クープをどの程度入れるかも、生地の状態に応じ

16．クープ入れ

17．焼成

18．焼き上がり

て変える。クープを入れるのは、生地内のガスを均一に抜き、クラスト（パンの表皮部分）の割合を多くし、焼き上がったパンをきれいな形にするため。

次に焼く生地との兼ね合いから、やむを得ずに二次発酵を早めに終えて窯入れする場合は、窯伸び（焼成中に生地が膨らむこと）をよくするためにクープを深く、本数も多くし、スチーム（水蒸気→236ページ）も多く入れる。反対に生地がギリギリまで発酵してしまってる場合は、クープは浅く、本数も少なくして、スチームを控える。

窯の設定温度は上火が２４０℃、下火が２１０℃、焼成時間は約50分。途中、窯の中でパンの位置を入れ変えて、均一な色になるように焼き上げる（17・18）。一般に窯の構造上、扉側（手前）は温度が高くなるので、焼成中に扉を少し開けて熱を逃がして温度を下げ、焦がさないように注意して、理想の焼き色になったら窯から取り出す（焼成温度や時間もかなり頻繁に変えている)。600gに分割した生地は、焼き上がりは約500gになっている。

＊

このフォルコンブロートの製法は、あくまでも2014年時点でのやり方であり、工程ごとの細かな作業に関しては、今後も変わっていくことだろう。

なお、フォルコンブロートのバリエーションであるナッツやレーズンを混ぜたパンは、生地が捏ね上がった段階でそれぞれの材料を混ぜたものだ。丸めや成形、二次発酵のタイミングなど、生地によって微調整をはかりながら、同様の流れで作る。砂糖やバターを配合した菓子パンや、トーストブロート(山食パン)は、もちろん配合から違うものだが、湯種とアーベントタイクを取り入れる基本的な製法は変わらない。

日々、小麦を製粉し、粉の状態を見極めながら、完成度の高いフォルコンブロートを目指していくことが、他のパンの品質にもつながっている。

ところで、これら工程のうち「ミキシング」と「焼成」について補足しておきたい。この二つに関しては、ドイツでも修業先や古書から学びとり、印象に残っていることが多いからだ。しかし、帰国して店を開いてから理想と現実とのギャップを痛感することになる。とくに窯は、機材選びやその使い方についても、改善を重ねてきた。それぞれについて、ドイツ修業時代から振り返ってみたい。

サワー種の全粒粉パン、ラントブロート。

店で唯一の白いパン、トーストブロート（山食パン）。

全粒粉100％の菓子パン４種(クロワッサン、シナモンロール、ヌスシュネッケン、クノーテン)。

パン作りは昼前には終了。店の奥にある工房は、掃除を終えると静寂に包まれる。

二次発酵前のクロワッサン生地。成形はできる限り均一な形になるように意識する。

ドイツでも愛用していた秤り。受け皿の位置が低く、使いやすい。

職人の手、愛用の道具。分割などに使うヘラとクープ用ナイフ。

ミキシングと窯の話

理想的なミキシングとは？

ミキシング（本捏ね）は、パンの出来を左右する重要な工程だ。

ここで失敗すると、あとの工程での修正はとても難しい。

だからドイツでは、この仕事はゲゼレ（職人）、もしくはマイスターが行い、レアリング（見習い）が担当することは、まずない（→Memo）。

ところが、日本ではだいぶ事情が異なる。

初めて働いた京都の店では生地の仕込みもさせてもらったが、それはとくに珍しいことではなかった。日本では経験の浅い職人や、見習いでもこの仕事を担当する職場もある。

窯（オーブン）に関してはもっと顕著で、ドイツではマイスターの仕事だったが、日本では見習いが担当することが多い。そして慣れないから、もちろん失敗もする。

僕自身、パンを焦がしてオーナーに報告したとき、怒られるかと思いきや、「そうやって一人前になっていくんや」と言われたことを思い出す。

これはほんの一例で、同じようなことは他にもいろいろあった。

Memo

パン屋の仕事の分担

ドイツのパン屋では、
仕事の分担の仕方は店によって違うが、
通常はマイスターとゲゼレが
重要なポジションを担当し、
職業学校に通うレアリング（見習い）は
補助的な仕事を行う。もっとも重要な
「オーフェンアルバイトOfenarbeit」と
呼ぶ窯（焼成）はシェフ、もしくは
他のマイスターが担当し、次に重要な
「タイクマッハーTeigmacher」と
呼ぶ生地の仕込みはゲゼレ、もしくは
マイスターが担当していた。

単純にひとくくりにはできないにせよ、おおむねドイツでは教育を施してから仕事を与え、日本では仕事を与えて失敗を経験させつつ人を育てる傾向があるように思われる。

京都の店でミキシングを担当したときは、なぜ生地によってミキシングの時間や速度が異なるのかわからないし、先輩にそんなことを聞ける雰囲気もなく、僕はただ言われたとおりにミキサーを回すだけだった。

理解の伴わない仕事をするフラストレーションは大きかった。

だから、ドイツに渡ってからは、「なぜそのようにするのか」を理解するのが嬉しくて、貪欲に知識も吸収していった。

*

ミキシングの主な目的は、粉と水を混ぜて捏ねることによって、粉の成分（主にタンパク質とデンプン）が水を吸収し、しなやかで粘性のあるグルテンを形成することにある。材料が混ざり、一つにまとまった生地を、どのくらい捏ねるか。それによって、パンのボリュームや食感は変わってくる。

ドイツに渡って最初に修業先したドレスデンの店では、巨大なスパイラルミキサー（→Memo）を、ガンガン力強く回していたのを覚えている。

最初はそういうものかと思ったが、パンについて、またその歴史を学ぶにつれて、僕はそのようなミキシングに違和感を覚えるようになった。

生地作りは、何千年にも渡り、職人の手によって行われていた仕事だ。手動のミキサーが発明されたのは18世紀、19世紀の終わりになってようやくモーターが取りつけられた。

東ドイツ時代の教科書には、ミキサーでの生地作りとともに手捏ねによる方法も載っている。そこには、「ミキシングとは、できるだけ短い時間で粉と水を混ぜ合わせ、生地作りに重要なタンパク質とデンプンに吸水させること」とある。大量の生地を手捏ねで仕込むのは、大変な労力だ。おそらく次の作業への余力を残すためにも、なるべく短時間での生地作りが求めら

Memo

スパイラルミキサー

製パン用のミキサーは、
生地にふれるアームの形状や回転数、
変速機能など、その特性は
機種やメーカーによって異なる。
ドイツで最初に修業した店では、
効率よく強力に生地を捏ねることが
できる「スパイラルミキサー」
を使っていた。このミキサーは
ドイツではごく一般的なタイプ。
らせん状のアームが回転すると
同時に生地が入ったボウルも回転し、
効率よく生地が捏ね上がる。

れたのだろう。

では、動力のついたミキサーを使うようになった20世紀以降はどうか。

初期の動力ミキサーは、人間の手の動きを模倣して作られた。生地を捏ねるアームはゆっくりと動き、その速度を変えることもできなかった。以後、パンの生産性を上げるために、より性能の高いミキサーが開発されていく。

とくに1950年代以降は、パン業界の機械化が一気に進み、より強力で、より高速に捏ねることができるミキサーが市場に現れた。長時間、強力かつ高速でのミキシングによって、生地のグルテンを最大限に引き出せるようになった。

それまでは、そこそこに捏ね上げてグルテンをある程度作り上げた生地を、発酵とパンチによって伸びのある、なめらかな状態――グルテンを完成させた状態に仕上げていたが、いわば力ずくで生地を作り上げられるようになった。

グルテンが充分にでき上がった生地は、イーストやイーストフード、つまり発酵促進や味の補足などを目的とした添加物の配合量を増やせば、発酵時間を省いても生地は膨らみ、そこそこのパンは焼ける。

こうして短時間でパンを作ることが可能となり、その結果、パンの質は低下した。

これはドイツだけの話ではない。

フランスでも同様なことが起こっていた。そのあたりの事情は、スティーブン・L・カプラン著『パンの歴史』にも詳しい。

この本によると、パンが白く焼き上がり、ボリュームもアップする理由に、強力なミキシングと空豆の粉を加えることが挙げられている。フランスでは19世紀の終わりごろから発酵を活発にし、生地の柔軟性を改善させるために空豆の粉が使われているという。しかし、本には空豆に含まれるリポキシダーゼという酵素がパンの味を損なうとも書かれている(→Memo)。多少の味を犠牲にしてでも、パンの白さやボリュームが求められていたのだろう。

ドレスデンで見習いをしていたころ、大家さんがこんなことを言っていた。

「東ドイツ時代は、パンの中身がもっとしっかりしていて、味もとてもよかった。東西が統一されてからは味だけではなく、中身もスカスカで空気みたいなパンばかりになってしまった」と。

そんな話を聞くたびに、僕は東ドイツのパン作りが気になっていた。

＊

東ドイツ時代の教科書の著者、ヴァルター・ヴェルニッケの別の著書によれば「小麦粉で作る生地のミキシング時間は7〜10分くらい」とある。そこでは、生地の量やミキ

Memo

「空豆の粉」の補足

フランスでは、イーストフードとして
空豆の粉が使われているという
話は現在も聞くが、ドイツでは
聞いたことがない。ただし、同じ効果
を狙って大豆の粉を配合した
イーストフードはある。それを知り、
オーガニックの大豆をブレンダーで
粉末にしてパンを試作したことがある。
しかし、あまりにもまずかったので、
それ以来、試していない。

サーにはふれていないので、正確なことはわからないが、少なくとも今のような強力なミキサーが登場する前の時代の話なので、手捏ねに近いゆっくりとした動きのミキサーだったと思われる。現代の基準から見れば「低速で短時間のミキシング」と言えるだろう。

修業先のマイスターにも東ドイツ時代のパン作りについて聞いたことがある。

彼によると、東ドイツは物質が乏しかったので、ミキサーをはじめ、機械はとても古いものばかりだった。ミキシングは必然的にゆっくりとした速度で、一次発酵を1時間はとっていたそうだ（この時間については、意外に短い印象を受けた覚えがある）。イーストフードとして使えるのは純粋な麦芽の粉くらいで、今のような添加物は手に入らなかった。ゆえに材料の配合も、ごくシンプルだったという。

その話ぶりから、彼は機械化が進み、便利な添加物を使った今のパン作りに満足しているようだった。

このあたりは、仕事の合理化のみを重視する作り手と、質を求める消費者の間にギャップがあったように思う。

僕はしだいに「クオリティを重視するならば、なるべく捏ねない方がいいのではないか」と思うようになった。ドイツで働き始めて1年後くらいのことだ。

職業学校（ベルーフスシューレ）で、小麦粉の性質について学んだことも、その考えを後押しした。

小麦粉に水を加えて捏ねると、すぐにひとまとまりの生地ができる。この段階では、生地を引っ張るとすぐに切れる。ところが、そのまま放っておくと時間とともに生地が切れずに、伸びるようになる。これは、粉に含まれるタンパク質と水が結合してグルテンができ上がり、それがつながっていく——グルテンのネットワークが発展した状態だ。この現象にとても惹きつけられた。

それほど捏ねなくても時間を置けば、グルテンがひとりでに発展していくならば、その方がより自然ではないか？

職場での機械と添加物に頼ったパン作りにうんざりしていた僕は、〝なるべく捏ねない生地作り〟を自宅で試みるようになった。

小麦粉、イースト、塩、水をボウルに入れて、粉気がなくなるまで混ぜ、生地がまとまるまで軽く捏ねる。

そのまま室温に20～30分置き、生地がある程度伸びるようになったら数回丸め直す。これは生地に刺激を与えることになり、パンチの役割を果たす。しだいに生地に弾力がつき、なめらかな状態になってくる。

丸めるときの力の入れ加減、丸めの回数など、パターンを変えて何度も試し、生地の変化を観察した。

実験の結果、ミキシングは材料が混ざるまでの最低限にとどめ、あとは丸め直しで調整しながら、時間にまかせて生地を仕上げていくのがいいのでは、と考えるようになった。ただ、その時点では、あくまでもアイデアとして持っていただけだ。

全粒粉100％生地に向き合った現実

ゲゼレ（職人）になってから、僕は2店目の修業先に移り、生地の仕込みも担当するようになった。すでに頭の中では、〝なるべく捏ねないミキシング〟を理想としていた。けれども、職場では勝手なことはできない。当然ながらそこでのやり方にしたがっていた。

このころ、興味を持ち始めた全粒粉についても調べるようになった。

前述のヴァルター・ヴェルニッケによれば、「全粒粉は、20分間のミキシングをする」とのこと。「小麦粉の生地は7〜10分」だったので倍にあたる数字だ。

それだけ時間をかけるのには、いくつか理由がある。

全粒粉は、精製された粉よりも粒子が粗く、また、ふすまが含まれているのでグルテンが形成されにくい。伸びのいい生地を作るには、しっかりと捏ねる必要がある。

さらに全粒粉は吸水が遅く、生地全体が水和するまでに時間がかかる。だから、全粒粉の生地は、時間とともに吸水と水和が進み、だんだんと締まって硬くなる傾向がある。それゆえ、生地を捏ねながら段階的に加水するのがよい、とされる。

また、ヴェルニッケは、「ある程度捏ねてから15分ほど休ませて水和を促し、再び捏ねる」といったことも勧めていた。

実際、そのあとに働いたユルゲンの店では、すべてのパンを全粒粉で作っていて、いずれもミキシングには20分くらいかけていた（→Memo）。

もちろん、そのやり方で、よいパンが焼き上がっていた。

しかしそれでもなお、シンプルかつ自然なパン作りを理想としていた僕としては、〝なるべく捏ねないで生地を作りたい〟という思いがあった。

それからもう一つ、そのころ業界の新聞で「隣国フランスの一部のパン屋は、添加物を極力排除して、ミキシングを抑え、長時間発酵をとったパンを焼き、成功を収めている」といった内容の記事を読んだことにも影響を受けた。フランスでは、パンの品質を上げるために長時間発酵をとり、ミキシングは抑える傾向にある

――自分の考えが、ますます正しいような気がした。

＊

日本に帰国し、フォルコンブロートの試作の開始と同時に、最低限のミキシングを試し始めた。

最初は、次のようにした。

あらかじめ作っておいた湯種と全粒粉、水、イースト、

Memo

フッブクネーター
Hubkneter

ユルゲンの店で使っていたのは、
L型のアームが楕円を描いて
回転しながら、生地を下から上に
持ち上げるような独特の動きをする
ミキサー「フッブクネーター」。
スパイラルミキサーよりも古いタイプ
のもので、捏ね上げる力も弱い。
ライ麦や全粒粉の
生地作りに適していると言われる。

Memo

ミキサーについて

日本でもユルゲンの店で
開業フッブクネーターを探し、
店を開いて３年目、新光食品機械販売㈱の
伊藤幸雄社長(現会長)のご好意により、
思いかけず入手することができた。
（それまでは日本では一般的な
縦型ミキサーの中古品を使用）
今は全粒粉生地にフッブクネーター、
山食パンなどにスパイラルミキサーと
いう具合に２台を使い分けている。
ミキサーはどのようなタイプでも、
速度や時間を調整すれば、
求める生地に仕上げられるが、
自分にとって使いやすいものを
選んだ方が仕事の効率は上がる。

塩が混ざるまで、低速で5分ほどミキシングする（→Memo）。

材料が均一に混ざった程度の生地は、表面がざらついている。そのまま1時間ほど置いて自然発酵をとってから、パンチ代わりにゆっくりミキサーを回せば表面がなめらかになる。当時の吸水は110％くらい、とてもゆるい生地だ。

その後、ホイロに移して一次発酵をとる。この発酵の間にもう一度パンチを入れて、生地に力を与える。すると、まだ柔らかい状態ではあるが、生地は締まってくる。

これを一晩、恒温高湿庫で冷蔵熟成する。この段階でも生地は柔らかいが、かなり締まり、扱いやすくなる。翌日、分割し、ナマコ形に成形して二次発酵後、窯入れする。

焼き上がったパンを見て、食べて、結果は良好かに思えた。

こうあるべきという理想にしたがって生地を作り、パンが焼けたので僕は満足だった。

もちろん、まだ吸水量や発酵時間などの細かい部分での改善点はあるものの、少なくともミキシングはこれでいいと思えた。

ところが、である。

店をオープンして半年ほどたったころ、「何かが違うのでは？」と違和感を覚え始めた。

前述のとおり（→127ページ）、僕は北米産の小麦を仕入れて製粉している。ドイツ産小麦よりもタンパク質が多いこの小麦は、よりボリュームのあるパンに焼き上がるはずなのに、ユルゲンの店で焼いていた全粒粉のパンと変わらない大きさだった。

落ち着いて観察してみれば、パンは〝縮こまった印象〟だった。クラム（パンの表皮を除いた柔らかい部分）は詰まって重たく、それがドイツパンらしいと言えなくもなかったが、本当はもっと膨らむはずなのに、どこか阻害されているような感じがした。

そして、ようやく気がついた。

粉のタンパク質が多いならば、ある程度捏ねてグルテンを発展させる方が、その粉にとっては自然ではないのか？

僕は、〝生地を捏ねない方がよい〟という思い込みが強すぎて、現実を見ること――〝素材に合わせてパンを作る〟ということができていなかった。

製パンの理論では、ミキシングのしすぎを「オーバーミキシング」、反対に少なすぎるのを「アンダーミキシング」と呼び、いずれもパンの品質にはマイナスの影響を与える、というのが常識だ。

ごく基本的なことであるはずなのに、僕は〝捏ねないミキシング〟の方が自然だという僕自身の思い込みに加えて、業界の新聞や本でフランスでも捏ねない方向にシフトチェンジしていることを知り、その基本を無視するようになってしまった。

そしてあらためて『パンの歴史』を読み返し、現代の著名なフランスの職人たちのミキシング時間を見ると、意外と捏ねていることに気がついた。たとえばエリック・カイザーは低速で4分捏ねてから中速で4〜5分、ドミニク・サブロンは低速で10分、フィリップ・ゴスランは12分捏ねて生地を休ませたあと、中速で4〜5分捏ねると書かれてある。

つまり、捏ねる捏ねないに明確な境界線があるわけではないということだ。あくまでもその一昔前の「強力かつ長時間のミキシング」よりは抑えてはいても、「なるべく捏ねない」というわけではなかった。

*

僕は、思い切ってミキシングを変えてみた。

いつもどおり低速で回して材料を混ぜたら、そのままミキシングを続けてみる。生地の状態を見ながら速度を上げると、捏ねていくうちになめらかで伸びのある生地ができた。グルテンが充分にでき上がり、しっかりとつながっている証だ。

それまで発酵とパンチで仕上げていた生地は、そこまで伸びのある生地にはならなかった。生地自体のボリュームも増えている。

やはり、これまではミキシングが短すぎた。少なくとも僕の使っている全粒粉は、ある程度捏ねた方がよかったのだ。目の前の生地を見て、はっきりとそう感じた。

焼き上がったパンはほどよく膨らんでいた。ユルゲンの店で作っていた全粒粉のパンと比べると、ひとまわり大きい。食べてみると、これまでのパンよりも食感が軽く、この方がはっきりと「おいしい」と思えた。

同じパンを毎日焼いていると、違うやり方を一度試しただけで、がらりと方向転換することがある。

ミキシングに関しては、まさにそれだった。

あれほど〝捏ねない方がいい〟と思っていたのに、少なくとも僕が使っている全粒粉では、この日を境に〝ある程度捏ねた方がいい〟に変わった。

興味深いのは、フランスでは強力かつ長時間ミキシングによる生地の酸化がパンの品質低下を招くと議論になっているのに対し、ドイツでは長時間のミキシングをむしろ推奨していることだ。ミキシングによって酸素を取り込むことで、その後の発酵過程でイーストが炭酸ガスをより多く作り出すという。もっとも、フランスでも空豆の粉を入れなければ強力ミキシングをしても、味はそれほど変質しないという話もある。

フランスの小麦もドイツの小麦も、北米産よりは、タンパク質の量は少なめで中力粉に近い。だから理論上は、あまり長時間ミキシングには向かないのではないかとも推察できるが、結局は個々の粉や生地の状態を見なければ、一概には判断できない。

僕の個人的な意見としては、僕自身が使っている北米産のオーガニック小麦の全粒粉は、しっかりと捏ねても不自然にボリュームが出ることはないし、風味も損なわれることはない。短時間から長時間ミキシングまで経験して、この結論にたどりついた。

*

ミキシングをどこで終えるかの目安は2つある。

一つは、材料が混ざってからもある程度捏ねて、つやのある、なめらかで伸びのある状態であること。もう一つは、生地の捏ね上げ温度だ。

生地を捏ねていると自然と摩擦熱が発生して温度が上昇する。ミキシングを速く（強く）、長く行うほど温度は上がる。ミキシング終了時点で、理想的な生地温度になるように捏ね上げる。このときの温度が、その後の発酵に影響する。

とくにオーガニックイーストであるビオレアルは発酵力が弱いため、生地の温度が低すぎると発酵がうまく進まないので、注意が必要だ。

この点は、広く使われている発酵力が強いイーストとは違う。店を開く前、サフのインスタントドライイースト（フランス・ルサッフル社製）でフォルコンブロートを作ったことがあるが、イーストの配合量を減らして捏ね上げ、温度も低く仕上げたのに、想像以上に発酵が進んで驚いた。このようなイーストであれば、それほど神経質にならなくてもいいかもしれない。

ミキシングの間に、生地の温度が上がる速さは、そのときの気温によってもかなり違うため、材料、とくに水温で調整する。

たとえば暑い夏なら、温度が上がりやすいので、湯種は使う直前まで冷蔵庫に入れておき、水は氷水を使う。ただし、氷水を使って生地を仕込むときは、最初はビオレアル抜きで捏ね、ある程度生地の温度が上がってから入れるようにしている。以前、ビオレアルを最初から混ぜて仕込んだら、まったく発酵が進まなかった。それくらいビオレアルは温度変化に敏感だ。

反対に寒い冬は、ミキシングをしながら水と熱い湯を適当に混ぜてぬるま湯にしたものを加える。

捏ね上げ温度の目安は、現在のフォルコンブロートの場合、夏は24℃、冬は27℃だ。生地が捏ね上がったときに、ちょうどこの温度になっていればよいが、万が一低ければ、そのままミキシングを続けて温度を上げていく。

最初は「生地ができ上がっているのに、捏ね続けても大丈夫だろうか?」と心配だったが、何回か試してみて問題ないことがわかった。

北米産の小麦のようにタンパク質が多い粉は、生地がそこそこでき上がってからミキシングを続けても、ブレークダウンするまでには時間がかかる。ブレークダウンとは、オーバーミキシングで生地のグルテンが壊れて腰が抜けてしまったような状態だ。そうならない限り、パンは焼ける。

実際、捏ね上がった生地の温度が低すぎるより、さらに捏ね続けて温度を上げた方が、パンは膨らみ、形や食感も確実によい。

一方で、小麦の状態でミキシングの幅が狭まることもある。

たとえばこういうことだ。

小麦のロットが切り替わるとき、数年に一度くらいの頻度で、酵素の活性が強い低アミロの小麦（→129ページ）を使うことがある。収穫前に雨が降るなどして発芽被害にあった小麦をそう呼ぶが、北米産でも、低アミロの小麦をいつもと同じようにミキシングすると捏ねているうちに生地がダレてしまう。

その場合は、製粉時からできるだけ酵素の活性を抑えるように気をつけ（→148ページ）、ミキシングはいつもより控えめにし、生地の表面がざらついたままの短時間で切り上げる。捏ね上げ温度は守りたいので、高めの水温で仕込むのがポイントだ。そして、そのあとの発酵や成形、焼成などの工程で調整を図り、できるだけいつもの仕上がりのパンになるように近づけていく（→192ページ）。

結局のところ、ミキシングをどの程度行うかは、粉や生地の状態を見ながら、そのつど調整するしかない。実際、フォルコンブロートのミキサーを回す時間は、合計12分ほどかかるときもあれば、10分以内で終わることもある。

ミキシングの速さや時間に関しては、教科書に「最適な時間は低速で○分」とあっても、それはあくまでも目安だ。粉や生地の状態によって、また実際に焼き上がったパンを見て、食べて、決めるべきだろう。

長い間、頭の中に描いてきた理想の考えと現実の結果にギャップがある場合、思い切って現実をとらなければならない。

みずからの失敗を通して、またお金をいただいてパンを焼くなかで学んだことだ。

窯とパンの焼き上がりの関係

窯（オーブン）に興味を持ったのは、修業時代もほとんど最後になってからだ。それまではどんな窯で焼いたところで、パンの焼き上がりに差はないだろうと思っていた。

日本で働いていた店では、日本製の窯を使っていた。当時、フランスのボンガード社やドイツのウェルカー社の窯がいいなどという噂をよく聞いたが、それら外国製の窯がどのようにいいのか具体的なことは聞いたことがなかった。

ドイツで働くようになってからは、学校や修業先で、これら外国製のいろいろなメーカーの窯を使った。でも、とくにこれといった違いは感じられなかった。

もしかして窯によってパンが変わるのかもしれない——ドイツの最後の修業先、ユルゲンの店の窯を使ったときに、そう思った。

*

初めてユルゲンの店を訪ねたとき、もっとも印象に残ったのは、物静かだが存在感のあるユルゲンという人物、そのものだった。

そして、彼の焼くライ麦パンのクラスト（パンの表皮部分）が、独特の風合を醸していたのも覚えている。その厚みは、時間をかけて焼き込まれたことを物語っていたが、焼き色はそれほど濃くはない。深みのあるきれいなつやは、よそでは見かけないものだった。

そして、実際にユルゲンの店で働き始め、パンを焼く担当「オーフェンアルバイトOfenarbeit」になり、窯の〝熱が柔らかい〟ことに気づいた。

熱が柔らかいとは、どういうことか？

２４０℃の窯でパンを焼いていたときのこと。ユルゲンが「窯の内部の炉床とその縁にさわってみろ」と言ったことがある。

炉床は石、周りは鉄でできていた（→Memo）。鉄の縁に手をふれた瞬間、鋭い熱さを感じてすぐに手を引っ込めてしまうが、炉床の石はじんわりと熱く、ほんの少しだがふれていることができる。たしかに違いはわかった。

〝熱が柔らかい〟とは、このじんわりとした熱の伝わり方を指している。

生地にあたる熱が柔らかいと、表面は焦げにくい。したがって時間をかけてじっくりと焼くことができる。結果、クラストはゆっくりと色づき、ほどよく厚くなり、香ばしさが増す。それがユルゲンのパンを最初に見たときの印象につながったのだ。

反対に熱のあたりが強いと、すぐに表面だけ焦げてしまう。そこでクラム（パンの表皮を除いた柔らかい部分）にも火が通るように、途中で温度を下げたり、上げたりするといった操作が必要となる。その調整によってクラストの色や厚さ、香ばしさも変わってきて、焼き上がりの差となって表れる。

ユルゲンが「この窯では同じ温度帯でほとんどの種類のパンが焼ける」と言ったときは半信半疑だったが、実際に一部のライ麦パンを除いて、他のパンすべてを２４０℃の設定で焼いていた。大型の食事パンも朝食用の小さなパン、あるいは菓子パンなど、大小さまざまなパンを、同じ温度設定のまま、時間だけを変えて焼くことができた。

＊

ユルゲンが使っていたのは、ルクセンブルクのハイン社の窯だ。マイスター学校時代、「現在の市場に出回っているなかでは、このハインの窯がベストだ」と聞いたことがある。

この窯の大きな特徴は、水蒸気による加熱のシステムだ。たとえば現代の一般的な電気窯は、窯の内部にニクロム線が張り巡らされていて、その熱が焼成室内に熱を伝える。一方、ハイン社の窯の内部には、ニクロム線ではなく水が入った細い管が通っている。この

Memo

窯の構造

パン屋で一般に使われる窯は、
上火と下火によって焼き上げる
「平窯（デッキオーブン）」と
呼ばれるタイプ。
メーカーや機種によって、
温度調整やスチーム（水蒸気）など、
細かな機能や特性は異なる。
焼成室内の生地を置く炉床、
側面、天井の材質の違いも
生地への熱の伝わり方や焼成室内の
温度変化や蓄熱性に関わり、
パンの焼き上がりに影響する。

Memo

ダンプフバックオーフェン
Dampfbackofen

水蒸気が入った管で加熱する
タイプの窯は、それまでの
薪の炎の熱で直接温めていた
窯よりも格段に熱効率が上がった
ことから「窯に革命を起こした」と
言われている。この窯の熱源も
最初は薪だったが、その後、
石炭からガスや電気へと変わり、
今もヨーロッパでは
複数のメーカーが製造している。
以前、見本市で見かけた
フランス・ボンガード社の
このタイプの窯のパンフレットには
「おばあちゃんの時代のパンが
焼ける」とあった。
古きよき時代のパンを
アピールしていたのだろう。

水がガスや電気などの熱源によって水蒸気になり、管内を巡って窯を温める仕組みだった。

ドイツの教科書や専門書には、この窯についての記述がいくつも見つかる。

その原点は、19世紀初頭に登場した「ダンプフバックオーフェンDampfbackofen（水蒸気オーブン）」だ。薪を燃やした熱が細い管の中の水に伝わり、水蒸気となって窯全体を温める。このタイプの窯は、それまでの薪窯よりもはるかに熱効率がよいという点で、窯の構造に革命を起こしたと言われている（→Memo）。

僕は、このダンプフバックオーフェンに興味を持ち、日本での独立を考えたとき、ハイン社の窯を使えないか調べてみた。しかし、その時点では日本に輸入代理店がなく、たとえ個人輸入したとしても、メンテナンスや故障したときの部品の問題などを考えると現実的ではなかった。

代わりに、独立間際になって真剣に考えたのが「薪窯」だ。

薪窯に憧れを抱いて

何千年もの間、人は薪を熱源とした窯でパンを焼いてきた。現在のようにガスや電気が使われるようになったのは、20世紀になってからのことだ。6000年とも言われるパンの歴史からすれば、つい最近のことにすぎない。

今でも、「薪窯で焼かれたパンはおいしい」と言う人は多い。それは本当にそうなのか。あるいは薪やそこから連想される炎のノスタルジックなイメージなどが、パンを実際以上においしく感じさせるのだろうか？ 薪で焼かれたパンが、電気やガスで焼くよりもおいしくなるならば、具体的には何が違うのだろうか？

僕自身、修業を始めたばかりのころ、いつの日か北海道のような自然豊かな場所で薪窯を使い、大きな田舎パンを焼きたいと漠然と思い描いていた。それは、パン職人を志す人なら一度は見る夢だろう。

田舎暮らしに関しては最後の修業先で実現した。2年半ほど働いたユルゲンの店は、周りは小麦畑で1日にバスが1本しか運行しないような農場の中のパン屋だったから。

しかし、薪窯でパンを焼くことは、知り合いの店で研修として数日間経験したものの、日々の仕事で行うことはなかった。そもそも、薪窯で焼いたパンを食べる機会は何度もあったが、特別においしいと思ったこともない。だから僕自身、修業先を探す際に手仕事にはこだわっても薪窯にはこだわらなかった。

この現代に薪窯を使う意義は、〝昔ながらのパン〟という演出のための手段だろうと考えていた。

初期の薪窯は、薪を燃やす場所とパンを焼く場所が同じ、石造りの窯だ。その後、薪を燃やす場所とパンを焼く焼成室が別々の窯、2〜3段の焼成室がある窯、石造りではなく鉄製の窯など、今でもいろいろなタイプの薪窯を見かける。いずれにしても、薪を熱源とするのは骨が折れるものだ。まず、薪を集めて割り、乾燥し、湿気ないように保管しなければならない（今は薪を買うという手段もあるようだが）。さらに薪を燃やし、燃やしたあとは灰をかき出して、モップがけの掃除をするといった作業も、毎日必要だ。

さらに薪は、ガスや電気よりもとても熱効率が悪い。だから窯の温度を上げるまでに非常に時間がかかる。

これらの理由から、僕自身は薪窯を使うことは考えていなかった。

ところが、独立間際になって薪窯に深く関心を寄せるきっかけがあった。

一時帰国をした際に、妻と彼女の両親と一緒に訪れた北海道でのことだ（北海道は、独立の候補地の一つだった）。

地元の人の評判を聞いて、あるパン屋を訪ねた。

そこにはオーナーが自ら築いた煉瓦造りの薪窯があった。彼は、リオネル・ポワラーヌ(薪窯で焼く田舎パンが有名なパリの店「ポワラーヌ」の2代目)の本を参考に、その窯を作ったという。窯の中ではたくさんの大きなパンが焼かれていたが、すべてが予約分で残念ながら僕たちが買えるパンは残っていなかった。

それでも話を聞かせてくれ、「せっかく遠くから来てくれたのだから」と、残り生地で焼いたパンを渡してくれた。

ホテルに戻ってなにげなく食べたそのパンのおいしかったこと!

何よりも印象的だったのが、しっかりと焼き込まれたクラストの圧倒的な香りだ。もちろん、オーナーの技術によるところも大きいだろう。しかし、あのクラストの香りは、あのような薪窯でしか生まれないのかもしれないとも思った。

＊

僕の窯に関する考えが揺れ始めた。パンがおいしくなるなら、日本で薪窯を使う選択も考えてみようか。

ドイツへ戻って、僕は薪窯を製造しているメーカーを訪ねてみた。

日本で独立すること、薪窯を導入するかどうかを迷っていることを社長に話した。

社長は、もし僕が薪窯を選ぶのであれば、日本まで職人を派遣するから問題はなく窯は設置できると言ってくれた。そう言われると、ここにお願いしてもいいのでは？　と思いもしたが、すぐには返事をしなかった。

ちょうどその日、薪窯によるデモンストレーションがあり、それを見学したあと、土産にパンをもらった。しかし食べてみると、残念ながらいたって普通のパンだった。

もしそれが際立っておいしければ、違う選択をしたかもしれない。

おいしいパンを焼くために必要な要素は一つではない。窯がよくても生地がダメなら、パンもやはりダメだろう。

もう一度、冷静になって考えた。

薪窯を導入するのかどうか、そして自分はいったいどういう方向性でパン作りをしたいのか。

だんだんと自分の考えがはっきりとしてきた。

かつて思い描いた、どこか田舎で薪窯を使ってパンを焼きたいという思いは、変わってきていた。なにより、僕は田舎での牧歌的な生活を望んでいない。その事実をしっかりと受け止めた。ユルゲンのもとで2年半の間、農場の中で生活をしたことは楽しくはあったが、それは、その生活が限定的であるとわかっていたからだ。一生をそこで暮らそうとは思えなかった。

僕は父親の仕事の関係で幼いころから引っ越しばかりしてきた。そして、その大部分は都会だった。自然環境に恵まれて育ったとはけっして言えない。育っていく過程で興味を持ったのは、自然そのものよりも、人によって造られたものだ。旅先も、自然を満喫するより中世の面影を残しているような街を訪ねることを好んだ。

学生のころは、名曲喫茶に行って一人で本を読むことがいちばんの幸せだった。そのような人間には、本当の田舎暮らしは少々きつく感じられた。僕が暮らしたいと思うのは、もう少し文化的な香りを感じられる場所だ。本屋があって、カフェがあるような。

これまでも書いたように、パン作りは過去に学ぶことが多くある。

しかし、それは過去の仕事をそのまま踏襲すればいいわけではない。たとえばパン屋の仕事の合理化のために生まれた「アーベントタイク（低温長時間発酵）」という製法が、最新の冷蔵設備を使うことによって、パンの質のさらなる向上につながったように、どこに物事の本質があるかを見極めて、現代的に解釈し直すということに僕は意義を感じる。

結論が出た。

薪窯の本質的なところを見極めて、それを現代の窯で取り入れてみよう。

それが、少なくとも自分の性分に照らし合わせて納得のいく答えだった。

＊

あらためて、１９００年代前半から現代までの本や専門誌で窯の資料を探した。

１９３８年刊行の『Fachkunde für Bäcker』によれば、いろいろな窯の中でも「とくに薪窯の初期の原始的なタイプがもっともおいしくパンを焼ける」とある。

その理由は、窯入れ時の温度がもっとも高く、クラスト（パンの表皮部分）が香ばしくなるとのことだった。

初期の窯は、炉内で薪を燃やしてから灰をかき出し、モップがけしたあと、生地を窯に入れて焼く。パンを焼いている途中では薪を燃やせないので、必然的に最初に充分に温度を上げておかなくてはならない。

窯入れ直後の強い熱によって、生地の表面に素早くクラストが形成され、そのあとはゆるやかに下降する余熱で中心部にまで火が通る。

「最初に高温で焼いて、徐々に温度を落としてじっくりと焼く」

これが、昔ながらのよいパンを焼く秘訣だと考えた。

そして、次の事実にも注目した。

薪窯といっても、パンを焼くのは薪の炎ではない。薪の炎によって熱された石が蓄えた熱によって、パンは焼かれる。薪の炎が直接パンを焼くのでないならば、熱源はガスでも電気でもいいはずだ。それよりも大事なのは、初期の薪窯の特徴ともいえる〝蓄熱の高さ〟ではないか？　その蓄熱の高さは、石窯ならではのものだ。

ドイツでは「薪窯Holzbackofen」と「石窯Steinbackofen」は明確に区別されている。「薪窯」は、その名前のとおり、薪を熱源とした窯で、かつ炉床は石でなければならない。

「石窯」は、炉床は石でなければならないが、熱源は問われない。「薪窯」よりも「石窯」であることが、重要なのではないか。

＊

……と、いろいろ考えて自分の理想とする窯は〝蓄熱性の高い石窯〟と結論づけたものの、いざ独立となると現実的なこと、つまり開業資金がネックになった。

当時、日本のメーカーが作る石窯はまだ一般的ではなく、価格も非常に高価だったから。そこで石窯をいったんはあきらめ、資金ができたら買い替えることにした。他の機材も同様に考えてほとんどは中古でそろえたが、昔の窯にはアスベストボードが使われているものがあるため、窯だけは予算の範囲内で買える新品を買った。

最初の窯はスイッチを入れてから温度が上がるまでの立ち上がりが速く、温度の上げ下げがしやすいものだった。これは、菓子パンや調理パンなど小型のパンが多い日本の市場に合わせてあるからだろう。スチームも充分な量が出て（→Memo）、炉床は日本では一般的な厚さ10ミリのセラミック製だった。

まず、初期温度を高めに設定し、焼いている間に温度を徐々に下げるやり方でフォルコンブ

Memo

窯のスチーム機能

製パン用の平窯には、焼成室にスチーム（水蒸気）を入れる機能がついている。スチームを入れる量やタイミングでパンのボリュームやクラストのつや、香ばしさまでが変化する。僕は現在焼いているほとんどすべてのパンに、窯入れと同時にスチームを入れている。フォルコンブロートは途中で蒸気を抜いて炉内の空気を乾燥させることで、クラストをしっかりとさせるが、クノーテンなどの菓子パンは、蒸気を多めに入れて、柔らかい食感になるようにしている。

ロートを焼いてみた。

試しに最初は300℃で窯入れをした。さすがに高過ぎて、すぐに表面に色がつき始め、温度を下げても、もはやどうにもならなかった。280℃でも、まだ高すぎる。最終的には260℃で窯入れし、しばらくして220℃に落として、40分間焼くことで落ち着いた。

しかし、店が軌道に乗り、大型のパンが売れ始めて、焼く量が増えると新たな問題が発生した。

最初は窯の一段に、600g生地のフォルコンブロートを12個焼いていたが、やがて、許容量いっぱいの20個まで焼くようになった。このように一度に大きなパンをたくさん窯入れすると、焼成室内の温度が一気に下がってしまう。しかし、それを防ごうと設定温度を高くすれば、今度は表面が焦げてしまう。やむを得ず焼き上がる様子を見ながら温度を調整しなければならなくなり、結局、「高温で焼き始めて温度を落とし、じっくり焼き上げる」という焼き方ができなくなった。

内心焦りが生じた。

僕は昔のパン作りの本質的なところをとらえて、現代のやり方で行うことを理想としていたのに、窯に関しては思うようにできていない。

しかも、そんな状況でも店は繁盛し、売上げは伸びていった。そのことがますます僕を不安にさせた。

頭の中には、北海道で食べた薪窯のパンがつねにあった。理想とするパンと、実際に店に出しているパンとのギャップが大きくなっていた。腕のせいと言われればそれまでだが、それを承知のうえでなお、〝蓄熱の高い石窯〟で焼きたいと考えるようになった。そうすれば、少しは理想と現実の差を埋められるはずだ。

石窯でパンを焼く

石窯については、店を開業してからも専門誌やメーカーのパンフレットをチェックしていて、その効果をうたった文句をよく見かけたが、いったい何が違うのかわからなかった。僕は「蓄熱のよさ」こそが石窯の最大の特徴だとは思っていたものの、そのうえでもっと具体的なことが知りたかった。

開業2周年を迎えたころ、ドイツのパンの専門誌『DBZ』の石窯の特集で注目すべき記事を見つけた。石床の材料となる凝灰岩《ぎょうかいがん》に関する記事だ。ドイツの石窯には主に凝灰岩か耐火煉瓦が使われていて、なかでもこの凝灰岩がもっとも蓄熱性がよいという。

凝灰岩は火山灰が積もってできた石で、その特徴に「軽い（密度が低い）。気孔が多いので熱をゆっくり吸収し、ゆっくり放出する。水分を多く蓄えることができる」といった点が挙げられていた。「密度が低いぶん、鉄板などに比べて表面積が大きいので、生地に対しての熱伝導は遅くなる」とも書いてあった。

思うに、この熱伝導の遅さこそが〝熱が柔らかい〟ことであり、石窯の優れた点ではないか？

さらに「石窯は、焼成時間が短縮できる」とも書いてあった。

生地の底面は、炉床に直接ふれている。鉄板やセラミックの床は熱の伝わり方が速く、生地の底はすぐに焼けてクラストが形成される。このクラストがバリアーとなって、熱が内部に伝わるのを妨げてしまう。結果、内部まで焼き上げるには時間がかかる。

一方、石床は熱の伝わり方が遅いので、底面のクラストはよりゆっくりと形成される。すると熱はそのまま内部に素早く伝わり、短時間でパンが焼けるというのだ。

記事の実験によると、同じ温度ならば鉄板やセラミックの床に比べて、石床の方が10〜20％も焼成時間が短くなるとのことだった。

今までにはない視点から書かれた記事で、しかも感覚的にも腑に落ちるものがあった。

＊

２００９年の夏、僕は石窯を購入することにした。

そのころには、日本のパン業界でも石窯が注目され始めていて、各メーカーから特徴ある石窯が販売されていた。僕は大阪の㈱コトブキベーキングマシンを訪ねて、窯の製作を依頼した。この会社を選んだのは、「石室窯」という石窯に凝灰岩の一種である「大谷石」を使用していること、そしてラボがあり、そこでパンの試し焼きができることも大きかった。僕は、石の厚さを変えるとパンの焼き上がりが変わるのか、また、本当に余熱で満足のいくパンが焼けるのかを知りたかった。

コトブキベーキングマシンの神村晶之さんに「余熱だけで焼けるような窯を特別に作って欲しい」と自分の思いを伝えた。

当初、神村さんは、僕が本当に窯を買い替えるとは思わなかったらしい。というのも本来、窯は20年くらいは使えるものだからだ。その時点で僕は、最初の窯を4年半しか使っていなかった。新品の窯をそんなに早く入れ替えるのは、よほどの変わり者だと思ったそうだ。それでもしっかりと僕の要望を聞き、ラボを自由に使わせてくれた。

ラボには、石の炉床30ミリの標準仕様の石室窯があった。

じつのところ、この標準の窯でも充分に素晴らしいと感じた。

日本で一般的な窯の炉床は厚さ10ミリだ。30ミリもあれば、窯入れ後も温度の下がり方はゆるやかに違いない。ドイツやフランスでも石窯の炉床は22ミリが標準なので、それをも上回っていた。

さらに、僕が滞在していた2004年までの時点で、ドイツでは、石窯といっても石を使うのは炉床のみだったが、コトブキベーキングマシンの石室窯は側面と上部にも厚さ15ミリの石が使われていた。

上の天井部分に石を使うことによって、上部からの火のあたりもより柔らかくなる。つまり、焦げにくくなる。以前の窯では、窯入れの時点で温度を高く設定すると、すぐに生地の上の方だけ焦げてしまったが、この石窯ならそのリスクは劇的に減るはずだ。

また、意外に見すごしがちだが側面にも石を使うのも大事な点だ。側面からも石による放射熱があると、食パンのように型を使って焼く生地のケーブイン（焼き上げ後、パンの側面が折れた状態になること）が起きにくくなる。

そんなわけで、フォルコンブロートの生地を持ってラボを訪ね、標準仕様の石室窯を初めて試したとき、はっきりと手応えを感じた。これまでのクラストとの違いがはっきりわかるほど、香ばしく焼き上がったからだ。ただし余熱で焼くには、石の厚さが足りないと感じ、天井と側面の石も30ミリにするようにお願いした。

翌週に注文どおり、焼成室をおおう石すべてが30ミリの厚さになった窯で試し焼きをした。店で焼くのと同じように、６００gの生地を一窯分、一度に焼いてみた。

上火を２８０℃に設定して、窯入れ後にスイッチを切り、余熱だけで焼く。

生地の窯入れ直後、それほど焼成室内の温度は下がらない。そして35〜40分ほどすると、フォルコンブロートがしっかり焼き上がった。クラストはほどよく厚く香ばしく、クラム（パンの表皮を除いた柔らかい部分）にもしっかりと火が入って、思い描いていたとおりの仕上がりだった。

余熱だけでもパンが焼けた！

予想していたとはいえ、嬉しかった。電気窯でも、原始的な薪窯と同じように余熱だけでパンを焼くことができる。昔のパン焼きの原理を、本質的な部分を、現代の電気窯で再現できた。さらに、石をもっと厚くするとどんな変化があるのかを知りたくて、今度は50ミリ厚さにしてもらった。

結果は、こちらも申し分のないパンが焼けた。

ただし、実際に使うにはあまり現実的ではなかった。厚さ50ミリもの石を温めるには電気容量を大幅に増やさなければならないうえに、スイッチを入れてから温度が上がるまでに3時間もかかってしまったからだ。店で使っていた最初の窯は、45分で上がったので、3倍以上もの時間がかかることになる。

最終的に、焼成室の石は全面30ミリの厚さでお願いすることにした。それでも電気容量は24キロワットから36キロワットになり、窯の温度が上がるまで2時間もかかる。

でも僕は満足だった。今までいろいろな窯を使ってきたが、文句なしにベストなものだ。立ち上がりには時間を要するが、必要ならば電源を入れるタイマーを使えばいい。

さらに蓄熱が高まるように、かつできるだけ一度にたくさん焼けるように、焼成室の奥行きを20センチ伸ばし、側面の断熱材も厚みのあるものに変えてもらった。

＊

こうして、特注の石室窯ができ上がった。

その年の夏休みの間に店の工房に設置して、さっそくパンを焼いてみた。ところが、思わぬアクシデントが生じた。

窯のもっとも奥に置いたパンが、うまく焼けなかったのだ。明らかに奥の方の温度が低すぎるのが原因だった。

電気窯の場合、窯の内部に張り巡らされているニクロム線から石に熱が伝わるが、このニクロム線の配置の間隔は一定ではない。通常、扉側は熱が逃げやすいため密に、奥に行くほど広い間隔をとる。今回の窯は奥行きを伸ばしてもらった特注品なので、ニクロム線の間隔が思いのほか広すぎたようだ。神村さんと技術担当の方がすぐにやって来て、工房内で調整をしてくれた。そして、まだ焼きがあまいとわかると、すぐに工場でニクロム線の部品を新しく作り直して入れ替えてくれた。

僕はこの会社に頼んで、本当によかったと思う。

神村さんとは〝商談〟というよりは〝いかによい窯を作るか〟という話し合いだった。そんな思いが、打ち合わせの段階から、よく伝わってきた。

ところが、ニクロム線を入れ替えても、まだ少し奥の火力が弱かった。神村さんはもう一度やり直そうとしてくれたが、このときにふと、ドイツの古書で見かけた薪窯の断面図が思い浮かんだ。

それは初期のタイプの薪窯で、窯の入口から奥にかけて炉床が上がるように結構な傾斜がついていた。窯の奥には排煙のための開閉式の穴があり、窯の手前の方で薪を燃やして空気を逃がすと、火は炉内の石床の表面を這うように傾斜に合わせて奥へと移動し、炉床全体にまんべんなく熱がまわる。この傾斜がないと、炎は天井に向かって上がってしまい、熱のまわり方にムラが生じる、そんな図だった。

電気窯とはいえ、炉内の熱の流れは同じはずだ。

僕は、焼成室の奥の炉床が上がるように、思い切って傾斜をつけてもらった。

たったそれだけのことだが、効果はてきめんだった。

こうして、焼成室のどこに生地を置いても、ほとんどムラのない焼き色で、パンが焼けるようになった。

*

窯の話には、後日談がある。

この工程でも、僕は理想と現実のギャップを痛感することになった。

石窯を導入してから、しばらくは思い描いていたとおり、高温に窯を熱してからスイッチを切った状態でパンを焼いてきた。具体的には、温度を280℃に設定し、あとは余熱でフォルコンブロートなどの大型パンを焼いてから、そのまま小型のパンも焼いていた。

僕は、もっとも原始的な焼き方を再現したくて石窯を導入した。そして薪窯と同じように高温の余熱で焼くことに意義を見出し、実行してきた。

それはそれでよかったのだが、実際にやってみると何かと不具合もあった。たとえば大型パンにはよくても、小型のパン、とくに砂糖が入った菓子パンはさすがに２８０℃では高すぎた。余熱とはいえ多少の熱のムラがあるのか、生地を置く場所によっては底がすぐに焦げてしまう。

したがって大型パンを余熱で焼いたあと、しばらく時間を置き、温度が下がったころを見はからって菓子パンを焼き始めるようになった。しかしそうすると、あとの窯の作業がどうしても詰まってしまい、時間に追われてしまう。

そしてもう一つ、フォルコンブロートのクラストをもっと厚くしたいと思うようになった。このパンは粉に対して１００％に近い高加水の生地だ。これだけ水分の多い生地は、クラストが薄いと、カリッと香ばしく焼き上がっても、すぐに柔らかくなってしまう。クラストをもっと厚く形成すれば、ほどよい食感が持続するうえに、クラムのしっとり感も保持できる。しかし、そのためには、長めに時間をかけてじっくりと焼かなければならない。そして長く焼くためには、温度を落とす必要がある。

すでに石窯で焼き始めて3年がたっていた。

僕は焼成方法を大幅に変えて、温度を下げることにした。

設定温度を２８０℃から徐々に下げて、そのぶん焼成時間を長くした。フォルコンブロートのクラストは、適度に厚みをもたせてより香ばしく、クラムにもしっかりと火を通したい。しかし、火を通しすぎると水分が抜けてしまう。温度帯を下げながら、時間とのバランスを探った。

それから1年ほどたった今、温度は２４０℃で落ち着いている。焼成時間は35分だったのが50分と長くなった。しかし温度を下げたぶん、菓子パンを連続して焼けるようになったので、作業が詰まることもなくなった。

気がつけば、奇しくもユルゲンの店で使っていた水蒸気オーブンと同じ温度帯で焼いていた。ユルゲンは「この窯は熱が柔らかいので同じ温度帯ですべてのパンが焼ける」と言っていたが、それは２４０℃だからできるのだということも、さまざまな温度帯でパンを焼いてみて納得した。きっと先人たちも、同じように試したのだろう。

焼成は、本当に難しい。

この工程によって、パンの味と食感が確実に変わる。だが、〝ここでよい〟という温度と時間のポイントは、なかなか容易には見つかってくれない。

僕はまだ、自分の理想とするパンの焼き上がりには到達できていない。フォルコンブロートの完成度という観点から見れば、もっとよりよくなるはずだ。

今後も試行錯誤を続けていくことになるだろう。

どれだけ時間がかかっても、最適な温度と時間というものを見極めたい。

サワー種のパン

ラントブロートを焼く

ここまで全粒粉100％の「フォルコンブロート」について書いてきたが、もう一つ、「ラントブロートLandbrot」（→Memo）を紹介しておく。

2009年の秋から作り始めたこのパンは、酵母にイーストではなく、サワー種を使用している。

以来、ベッカライ・ビオブロートでは唯一の〝サワー種のパン〟だ。

サワー種とは、ドイツ語では「ザウアータイクSauerteig」、直訳すると「酸味のある生地」という意味だ。サワー種を使ったパンは、イーストだけで発酵させたパンよりも、クラム（パンの表皮を除いた柔らかい部分）の目が詰まっていて、特有の酸味と豊かな風味を持っている。

繰り返しになるが、2005年3月に店を開いて以来、僕はすべてのパンを「ビオレアル」というオーガニックのイーストで焼いてきた。

とはいえ、修業時代からサワー種にも関心は持っていた。サワー種作りの技術は、パンの歴史を語るうえでもパン職人にとっても、欠かせないと思うからだ。

だからドイツでは、自宅でサワー種のパンの試作もし、古書や教科書の発酵に関する資料を読みあさり、サワー種の起こし方や保存方法、そこに含まれている菌の種類による役割の違いなどの知識も吸収した。

それでも帰国してからしばらくは、サワー種のパンを焼くことはなかった。僕の好みとしては、サワー種を使った酸味の強いパンよりも、イーストを使ったマイルドな味のパンが好きだったから。店に並べるパンの種類をできるだけ絞りたいという思いもあり、ビオレアル以外の酵母でパンを焼くことは考えもしなかった。

それが、2009年に石窯を導入して、原始的な薪窯のように余熱だけでパンを焼けるようになると、生地もより昔のもの、つまり自分で酵母を起こして作るパンを焼きたいと思うようになった。

また、僕の予想以上に「サワー種を使ったドイツ

Memo

ラントブロート
Landbrot

ドイツ語で「田舎風の大型パン」の意味。
ドイツのパン屋には、さまざまな
ラントブロートが売られていた。
一般的なイメージとしては、
粉はライ麦や小麦、酵母はサワー種
で作る素朴な大型の食事パンを指す。
ユルゲンの店では、全粒粉の
余り生地をまとめて焼いた
大型のパンをそう呼んでいた。
僕の場合、店で唯一の
サワー種のパンに名づけている。

パンを食べたい」と言うお客さんが多かったこともある。

このパンでは、いろいろと実験的なことをしてみようと考えた。

フォルコンブロートは、ベッカライ・ビオブロートの核のパンとして洗練度の高いパンを安定した品質で作り続けることを目指しているが、ラントブロートはある意味、対照的なパンだ。そもそもフォルコンブロート生地のクルミとレーズンのパンを焼く窯の空きスペースを使うので、1日7個までしか焼けない(→Memo)。第一、サワー種のパンを焼くこと自体が実験で、しばらくはサワー種そのものも、理想的な状態に仕上がらないかもしれない。

全部で70個ほどのパンを焼くフォルコンブロートの生地が失敗すれば、店に与えるダメージは大きいが、焼く量が少なければそれほど大きな問題はない。もちろん、そんなことは本意ではないけれど。

さらにフォルコンブロートよりも、徹底して材料を絞り込んでみようと考えた。限りなく絞り込んだ材料で、どこまで完成度の高いパンができるのか。それを試してみたかった。

考えられる限りシンプルな配合とは、「小麦、塩、水」だけで作るパンだ。酵母を小麦

Memo

ラントブロートのサイズ

ラントブロートはフォルコンブロートより100g多い700gに分割して同じナマコ形に成形している。大きめの生地に分割するのは、サワー種で発酵させる生地なので、目の詰まったパンになりやすいぶん、焼成時間を長めにとるために、焼減率（生地の水分が焼成中に蒸発する割合）が高めだからだ。焼き上がりは、フォルコンブロートと、ほぼ同じ500gになる。

粉と水から仕込む小麦由来のサワー種にすれば、それが実現できる。

僕はドイツでの経験を振り返って、自分でサワー種を起こすことにした。

ドイツで学んだサワー種

サワー種の歴史は古い。

それはもっとも古い発酵手段であり、エジプトやギリシアでは紀元前1800年にはサワー種のパンが焼かれていたことがわかっている。最初のサワー種は、おそらく偶然によって作られたのだろう。ある日、生地を焼き忘れていたら自然発酵し、それを新しい生地と混ぜて焼いたら、おいしく膨らんだパンになった――というように。

1927年刊行のアルベルト・シュタンゲ著『Bäckerei, Konditorei und Müllerei einst und jetzt』には、古代ギリシアで作られていたキビ、アワ、ヒエなどの穀物を、3日おいたブドウの果汁と混ぜて培養した酵母種を、「Sauerteig《サワー種》」と記している。つまりサワー種とは、自家製酵母種全般を指す。

とはいえ、今のドイツでは(おそらく日本でも)サワー種といえば、まずはライ麦パンに欠かせないライサワー種のことを思い浮かべるだろう。

ライ麦パンの消費量が多いドイツでは、職業学校（ベルーフスシューレ）でもマイスター学校でも、サワー種の授業や実習が充実していた。

　ライ麦の特性として、デンプンを分解するアミラーゼという酵素が多いことが筆頭に挙げられる（→Memo）。ライ麦１００％の生地をイーストのみで発酵させると、ライ麦自体の酵素によって生地内のデンプンが分解されてしまい、焼き上がったパンに大きな空洞ができてしまう。これを防ぐには、酵素活性を抑える酸か塩が必要だが、塩を粉に対して２％以上加えると、しょっぱくなりすぎてしまうので現実的ではない。そこで、サワー種の酸を加えるのが有効な手段だ。

　また、サワー種は、独特の素晴らしい香りや深みのある味を作り出し、カビの繁殖を抑えるなど、パンの味をよりよく、新鮮さを長持ちさせる効果もある。

　このようにいいこと尽くめのサワー種だが、僕は酸味の強いライ麦パンがあまり好きになれなかった。ドイツへ修業に来る人たちは、たいていこのサワー種を使ったパンを好んでいたので、なんとなく後ろめたさを感じることもあった。

　しかし周りのドイツ人をよくよく観察してみると、酸味のあるパンを好まない人がけっ

Memo

「ライ麦パン」の補足

ライ麦は小麦に比べて
ペントザンという糖類も多く含む。
このペントザンは吸水しやすく、
グルテンの形成を妨げるので、
ライ麦パンはしっとりとして
コンパクトな印象になりがちだ。
生地の粉がライ麦90%以上の場合、
「ライ麦パン（ロッゲンブロート
Roggenbrot）」と名づけられる。
ライ麦50%以上90%未満であれば
「ライ麦混合パン（ロッゲンミッシュ
ブロートRoggenmischbrot」。
10%以下の配合ではライ麦入りパン
と呼ぶことはできない。小麦のパンに
ライ麦を配合すると吸水を増やせて
風味が増すという利点もある。

こういることに気がついた。とくに若い世代は、精製した小麦粉とイーストで作る、白くてマイルドなパンを好んでいた。

ドレスデンに住んでいたころ、大家さんからは「昔は白いパンは日曜日にしか食べられない贅沢品だった」と聞いたことがある（裏を返せば昔から皆、食べたかったのだろう）。ユルゲンの店があるボルハイムの農場の住人たちも、よその店からこっそり白パンを買っていたのを知っている。ユルゲンは全粒粉のパンしか焼いていなかったから。

それでも、僕が修業していた当時のドイツの教科書や専門誌では、サワー種の重要性を説いていたし、割かれているページも多かった。

ライ麦パンに使う〝自家製のサワー種〟は、パン屋のこだわりを示す宣伝文句にもなっていて、パンを買う人たちは、そこに「職人的な手仕事」や「パンの品質の高さ」といったプラスのイメージを抱いている。

保守的なドイツのことだから、伝統的なライ麦パンは、これからも変わらないだろうと思っていた。

ところが最近では、専門誌までが酸味の強いパンを敬遠する記事を書いているので驚いた。ドイツの専門誌『Artisan』（→次ページMemo）２０１３年春号の「サワー種の現在」という特集に、こう書かれていたのだ。

――かつてサワー種はパン作りには欠かせないものだった。しかし、20年ほど前からライ

Memo

変化してきた専門誌

『アルチザンArtisan』は、
プロ向けのパンの新聞を発行している
バックメデイア社が2003年に創刊。
とくに品質を求める
パン屋に向けた季刊の専門誌で、
現在もドイツから取り寄せている。
これらの雑誌の記事から、
ここ数年、ドイツのパン業界が
合理性だけでなく品質を重視する
傾向が強くなっているのを感じる。

麦の品種改良が進み、酵素活性が弱くなった結果、ライ麦パンの製造にはもはやサワー種の酸は必要ないか、もしくは少量でよくなった。ライ麦パンを好んで食べるのは60歳以上の世代で、ファストフード世代はもはや好まない。パン職人の課題は、現在の消費者に合わせて、新しい、よりよいライ麦パンを作ることだ――

これからは、サワー種の酸味をそれほど感じないライ麦パンが主流になるのだろうか。

修業時代にそのような状況だったら、僕はもっとライ麦パンを好きになっていたかもしれない。とはいえ、こうした専門誌に書かれているのは最先端のことで、実際に一般のパン屋が変わるのはもっとあとになるだろう。

したがって、今も大多数の店は、昔ながらのライ麦パンを焼いていると思う。

＊

ここで、サワー種の伝統的な製法を紹介しておこう。

まず、「スターター（初種）」を作る。

ライ麦粉と水を混ぜたものを温かい場所で丸1日、自然発酵させる。その後、再び粉と水を加えて発酵させるという作業を4～5日繰り返す。すると2～3日くらいで表面に小さな気泡ができてくる。発酵してきた印だ。そのあとも数回、同じ作業（種継ぎ→Memo）を繰り返し、生地に膨らみが増してきたらでき上がりだ。

こうしてでき上がった生地（種）をスターター、ドイツ語では「アンシュテルグートAnstellgut」と呼ぶ。

もっとも、僕が修業をしていた１９９０年代後半は、ほとんどのパン屋ではスターターは自家製ではなく、市販のものを使っていた。学校の実習でもだ。

教科書や専門書に書いてある「サワー種の製法」とは、市販のスターターをもとに、どのようにしてサワー種に仕上げるか、という内容だった。

もっとも伝統的な「三段階法Drei stufen sauerteig」は、スターターに粉と水を三段階（3回）に分けて継ぎ足して発酵を繰り返し、サワー種を完成させる製法だ。

段階ごとにその目的は、はっきりとしている。

一段階（アンフリッシュザワー Anfrischsauer）　酵母を増やす

二段階（グルンドザワー Grundsauer）　酸の生成

三段階（フォルザワー Vollsauer）　酵母、及び酸を発展させる

この三段階法と段階ごとの目的については、職業学校やマイスター学校でしつこいほど学んだ。

その他、サワー種の製法は「ベルリナーBerliner」「ザルツザ

Memo

サワー種の種継ぎ

サワー種に粉類と水を加えて、
適正な温度管理のもとに
発酵させて種を増やす（培養）こと。
品質のよいサワー種を作り、
種継ぎして継続して使えれば、
パンの仕上がりも安定する。

ワーSalzsauer」「デトモルダーDetmolder」「ヴァインハイマーWeinheimr」など数多くあり、ほとんどは１９４０年代以降に開発されたものだ。それぞれ粉と水の配合や生地の温度、発酵時間などが違い、一見、複雑そうではあるが、本質的には三段階法に代表される「多段階法」とサワー種とイースト種を併用する「一段階法」の二つに分類できる。

その違いは、多段階法は「酵母と酸の生成」、一段階法は「酸の生成」のみが目的だと考えればいい。サワー種にイーストを併用すれば、酵母を育てる必要はないからだ。それさえ理解しておけば、サワー種の製法の細かな違いはあまり重要ではない。

そう思うようになったのは、マイスター学校や修業先での経験からだ。

たとえば「ヴァインハイマー」は、僕が通ったヴァインハイムのマイスター学校で開発された「一段階法」の一種で、「デトモルダー」をもとに改良したらしいが、製法にそれほど違いがあるようには思えなかった。

ヴァインハイマーは生地温度を28℃で仕込み、自然発酵させる間に23℃まで下がるのが理想とされる。粉を１００％とし、スターター２％、吸水80％、イースト１～２・５％が基本の配合で、発酵時間は15～30時間だ。

一方、デトモルダーは、生地温度によってスターターの量を変える。生地温度が28℃の場合、スターター、吸水、イーストの量はヴァインハイマーと同じで、発酵時間が15～24時間だ。

つまり、生地温度が同じ28℃であれば、発酵時間の幅が狭いというだけではないか。それだけのことで、わざわざ名称を変える必要があるのだろうか？

僕は、先生に意地悪な質問をした。

「デトモルダーとヴァインハイマーは、実際には違いがあるのか？」と。

彼はニヤッと笑ってこう言った。

「Gleich!《グライヒ》（同じだよ！）」

さらに、こんなこともあった。

その日はヴァインハイマー（一段階法）の実習だった。午前中に、ライ麦粉にスターターとイーストと水を足して28℃の生地を作り、翌朝まで室温に置くという内容だった。このときに先生が、「28℃を超えると発酵過多で種がダメになってしまうから絶対に超えないように！」と言った。

ホイロなどを使って一定の温度管理のもとで一晩発酵させるならば、その言葉に疑問を持たなかっただろう。だが室温では、暑い日も寒い日もある。当然日によって温度に差があるはずだ。最初の生地温度が28℃を超えて、たとえば30℃だったとしても、たいして関係ないのでは？　と思った。

そこで他の生徒が28℃になるように材料の温度を測って、水の適温を計算するなか、僕は30℃になるように計算した。もちろん先生には内緒で。

ところができ上がった種はなんと32℃近くになってしまった。「ヴァインハイマー」のサワー種としては、明らかに温度が高すぎる。それでもそのまま、一晩室温に置いてみた。翌朝、先生が一人ひとりの種をチェックし始め、僕は、内心ドキドキしていた。さすがにまずかったかなぁと思った。

僕の番になった。先生が種の膨らみを見て、香りをかいで、こう言った。

「Sehr《ゼア》 gut《グート》！（とてもよい！）」

その種を使って焼いたライ麦パンはなんの問題もなく、先生の評価も高かった。

＊

サワー種に限らず、こうした製法に関わる温度や時間の数値は、人間が決めたもので、自然界にそのような尺度があるわけではない。うまくいったときの経験を積み重ねるうちに、再現性のある温度帯や時間を定めてきただけだ。

それはもちろん価値のあることだが、僕がそうだったように、すでに体系化された理論を学ぶ際、個々の細かな数値にとらわれてしまうことが容易に起こり得る。

しかし、そのような細かな数字に惑わされなくてもいいのではないか。

厳格できっちりしているイメージがあるドイツでも、学校はともかく、僕が働いた店では、サワー種も生地も温度計で測っているところはなかった。ユルゲンは、種の量さえも量っていなかった。適当に生地を残しておいて、翌日、それを元種にして粉と水を足して生地を仕込んでいた。

種だけでなく、パン作り全般も、感覚を重視していた。

ある店で仕込みをまかされたとき、シェフにおおよその吸水率を尋ねたら「このバケツで○杯」と言われて驚いたこともある。

日本に帰ってきて同業のパン職人と話をしていると、皆、あまりにも厳格にサワー種の管理をしているなぁと感じることがある。

種だけではなく、パン作り全般に言えることだが。

サワー種のペーハー（pH）を測る人もいるらしいが、僕はそれよりも、発酵を終えた種の状態、香りと味を確認することの方が、はるかに大切だと思う。味見をした種と焼いたパンのできばえをリンクさせ、その評価を繰り返せば、どのような種が〝よい種〟なのか、見極められるようになるだろう。

職場でたくさんの人が働いていれば、たしかに数字を示したマニュアルがあった方がいいのかもしれないが、それに頼りきってしまえば感覚は磨かれれない。

前述（→249ページ）の『Bäckerei, Konditorei und Müllerei einst und jetzt』では、生地の仕込みに温度計を使うことを勧めているが、その現状については、次のように書かれている。

――残念ながら温度計を使用しているパン屋はまれである。しかし、温度変化に極めて敏感な職人がいるのもまた事実である――

＊

僕自身、自宅でサワー種のパンの試作をするときも、感覚に頼るしかなかった。

現実には前述のとおり、多くの店は合理化、品質の安定化のために市販のスターターを使い、イーストを併用したサワー種を仕込んでいたからだ。店によってはもはや仕込まずに、市販の液状サワー種を使う店もあった。

修業先のなかで、唯一ユルゲンの店では伝統的な製法でサワー種を仕込んでいた（→Memo）が、スターターは何年も前から種継ぎ（→253ページ）していたものだったので、ユルゲンのアドバイスや、本にある製法を参考にして、自分でもいろいろな材料から種を起こし、パンを焼いた。

学校で学んだサワー種はライ麦粉から作るものばかりだったが、酵母を起こし、粉と水で培養していくというサワー種の理論は、原材料が違っても応用できる。自宅ではライ麦粉だけでなく、小麦粉、レーズン、ハチミツなどから種を起こしそれぞれ一定期間、種継ぎを繰り返し、サワー種の働きや味の変化、焼き上がったパンの品質について調べ、データをとった。

Memo

ユルゲンの店のサワー種

ユルゲンの店のサワー種は、
ライ麦粉と水で仕込む
「ザウアータイクSauerteig」の他に
レーズンと水で酵母を起こし、
小麦粉と水を継ぎ足す
「フェルメントFermento」を作っていた。
さらに「ホーニッヒザルツブロート
Honig-Salz-brot」という
シュタイナーの考えのもとに作られた
パンにはハチミツと塩を水に溶かした
ものを酵母として使用していた。

なかでも小麦のサワー種は、『Brotland Deutschland Band 3』にあった製法を参考に、何度も温度や配合に調整を加えた（この本は２００３年刊行の比較的新しい本だが、伝統的な製法が数多く掲載されていた）。小麦のパンにサワー種を使うとしたら、小麦由来の種を使うのが、もっともシンプルで自然なように思えた。

そして行き着いたのが、スターターをそのままフォルザワーとして使う方法だ。伝統的な製法にしたがうならば、スターターをもとに「酵母」と「酸の生成」を目的に、粉と水を三段階法で継ぎ足してアンフリッシュザワー、グルンドザワー、フォルザワーへと仕上げていくべきだろう。

しかし僕自身、三段階法の段階ごとの目的を頭では理解していても、目の前のサワー種がその理論に忠実にしたがって、一段階で酵母が育ち、二段階で酸が生成されているようには思えなかった。酵母や乳酸菌のような自然界のものは、もっと曖昧で、その働きをきれいに線引きなどできるものではない、というのが実感だった。

スターターを作るのもフォルザワーに仕上げるのも、結局は最初から最後まで粉と水を混ぜて発酵させることを繰り返しているだけではないか。

実際、ドイツでも三段階法ではなく、二段階法でサワー種を作って、イーストなしでパンを焼いている店もあった。その種によってパンが焼けるのであれば、〝段階〟にこだわらなくてもいいはずだ。

発酵力が充分に備わっていれば、スターターに三回も粉と水を足す必要はない——この単純な事実に気づいてからは、スターターとして作った生地（種）を、そのまま仕込みに使うのもためらわなくなった。

ラントブロートのサワー種

2009年にラントブロートを焼こうと決めたとき、僕はドイツでの実験記録をもとにサワー種を作ってみた。

結果、それがそのままラントブロートのサワー種になったので、そのときの作り方を紹介する。

サワー種の作り方

❖1日目

自家製粉した小麦全粒粉100gと水200mℓで粥状の生地を作る。生地は32℃になるように水温を調整。24時間、オーブンの上など暖かい場所に置いて自然発酵させる。

❖2日目

前日の生地を100g取り出し、粉100g、水200mℓを加えて混ぜる（2日目以降も、生地は32℃くらいになるように水温を調整)。同様に24時間、自然発酵させる。

❖3日目

粥状の生地に気泡が出てきたら、少しずつ生地を硬めにしていく。前日の生地150gに粉100g、水100㎖を加えて混ぜる。同様に12時間、自然発酵させる。

❖4日目

3日目と同じ工程を繰り返す。

❖5日目

心地いい酸味のある香りを放ち、気泡が増えてきたら、充分に発酵している目安。発酵が足りないようだったら、3日目の工程を繰り返す(保管方法→263ページ)。

*

5日目の状態になれば「サワー種」として使えるが、これは前述のとおり、スターターをそのままフォルザワーとして使う、というものだ。

「酵母」と「酸の生成」については、次のように考えた。

酵母に必要なものは酸素、水、栄養、温度だ。だから、それらを酵母が活動しやすいようにととのえてやる。酸素は空気中に、栄養はすでに小麦に含まれているので、具体的には、温度を高めに(32℃)、水分を多めに(粉の2倍)した柔らかい生地にするのがよい。

次に、酸の生成について。

酸にもいろいろあるが、サワー種にとって重要なのは「乳酸」と「酢酸」のバランスだ。乳酸はマイルドな味を、酢酸は力強い酸味をパンに与える。このバランスによってパンの味が決まる。

職業学校（ベルーフスシューレ）では、サワー種の酸は「乳酸75％、酢酸25％」が理想的な割合だと習ったが、最近では「乳酸が90％まで」と書いている専門誌の記事もある。時代とともに、よりマイルドな味が好まれているようになっているのだろう。

もっとも、僕自身はサワー種を作るときに、乳酸が何％などと考えたことは一度もない。ただ、種の段階とパンになってからの味見をして、酸味のバランスを調整するだけだ。自分の好みから、なるべくマイルドな酸味になるようにと意識はしているが。

学校では「乳酸は30℃程度の比較的高い温度の柔らかい生地で生成され、酢酸は20℃程度の比較的低い、硬い生地で生成される」と学んだ。つまり、酵母を増やすために高めの温度で柔らかい生地にするのは、乳酸を増やすうえでも都合がよい、ということだ。

そのようなわけで、できるだけ乳酸を増やすために、2日目までは粉に対して2倍量の水で種を継ぎ、暖かい窯の上で自然発酵させた。そして3日目以降は水の量を減らして発酵力をつけつつ、扱いやすいように硬めに仕上げるようにした（本当は4日目くらいから生地を硬めにする方が、より酵母と乳酸をより増やせたようにも思うが、このときはドイツでの実験記録をもとに試したところ、よい結果が得られた）。

実際、5日目にでき上がったサワー種は、発酵を示す細かな気泡ができていて、ほのかな酸味を感じる香りがあり、口に入れてみるとマイルドな酸味が感じられて（おいしいわけではない）、うまくいったと思えた。

ただし、気がかりだったのが保管方法だ。

僕は、このサワー種を保管して、少なくなったら種継ぎをしてずっと使い続けるつもりだった。種をうまく継ぐことにより、種そのものの発酵力、乳酸菌や酢酸菌をよい状態に維持できるからだ。

昔のサワー種は毎日種継ぎされていて、たとえば週末などパンを数日焼かないときは、種に粉を足してそぼろ状にして地下室などの涼しい場所に保管していたという。冷蔵庫がある現代では、そぼろ状まで水分を減らさなくても保存がきくだろう。

そこで、5日目にでき上がったサワー種の水の割合を減らして、生地を硬めにすることにした。具体的には、5日目の生地（種）300gに全粒粉300g、水300㎖を加えて混ぜてからホイロ（35℃）で3時間発酵させて発酵力をつけたあと、さらに全粒粉300gを加えて捏ねてから冷蔵庫に保管した。

硬めの生地にして冷蔵すると、酢酸が増えて強い酸味が出てしまうのでは？　という不安もあったが、菌には「ある菌が優位にあるときには、他の菌が入ってきてもそれを排除する」という性質がある。

ならば、最初に温度が高い生地で柔らかい種を仕込み、乳酸の割合を充分に高くしておけば、あとに硬い生地にして温度を低くしても問題ないのではないか。

実際のところ、どんな理屈が働いたかはわからない。

それでも結果は良好だった。

冷蔵庫でしばらく保管していても、サワー種に強い酸味が出てくることはなく、マイルドな酸味が保たれていた。

*

ドイツで小麦から酵母を起こしたときは、なかなか発酵力がつかなくて苦労した覚えがあったが、粉の違いによるものなのか、あるいは、環境によるものなのかはわからないけれど、日本で久しぶりに作ったサワー種は、予想以上スムーズに、よい種ができた。

ラントブロートはサワー種の良し悪しがそのままパンの良し悪しに直結するからだ。

まずはひと安心と言えるが、ラントブロートを焼き続けるには、この種のよい状態を維持していかなければならない。

そのため、サワー種の種継ぎにはもっとも神経をつかう。

種継ぎの手順としては、サワー種に粉と水を加えて再び捏ねるだけだ。だいたい1週間に一度、サワー種が残り少なく（600～800gくらいに）なったら行っている。この種に3～4kgの小麦全粒粉と、その全粒粉に対して、60%分の水をミキサーボウルに入れて、低速でまわしてひとまとまりになればいい。このとき生地温度が30℃になるように、ぬるま湯を用いる。

でき上がった生地を35℃のホイロに入れて、酵母や乳酸菌に、再び都合のよい環境を作ってやる。3時間ほど発酵させると、やや膨らんで生地に力がついているのがわかる。香りは独特の酸味のあるものだが、けっして鼻につくような鋭いものではない。

これをパンチ（ガス抜き）して、冷蔵庫に保管する。この状態のものを「サワー種」とし、今も変わらず、種継ぎを繰り返している。

種や粉の量がアバウトなのは、粉に対して種が少なければ、生地温度を少し高くしたり、より長くホイロで発酵させることによって調整すればよいからだ。

なお、種を継いで発酵させても力が弱いと感じれば、もう一度継いでやればよい。サワー種を作り始めた最初の年は、何度かそのようなことがあったが、現在はずっと安定していてその必要はなくなった。

ラントブロートの現在の基本の配合や製法は、次のとおりだ。

1. サワー種

2. ミキシング

3. 生地の捏ね上がり

ラントブロートの製法

❖基本の配合

小麦全粒粉	1kg
サワー種（1）	400g
湯種	300g
塩	25g
水	750mℓ

※ラントブロートの配合は、粉の重量を100%として計算する「ベーカーズパーセント」では少数単位の数字になってわかりにくいため、グラム表示としている。

❖1日目

湯種を作る。配合、作り方はフォルコンブロートと同じ（→194ページ）。

❖2日目

すべての材料をミキサーボウルに入れる（2）。

4. 一次発酵後

5. 分割

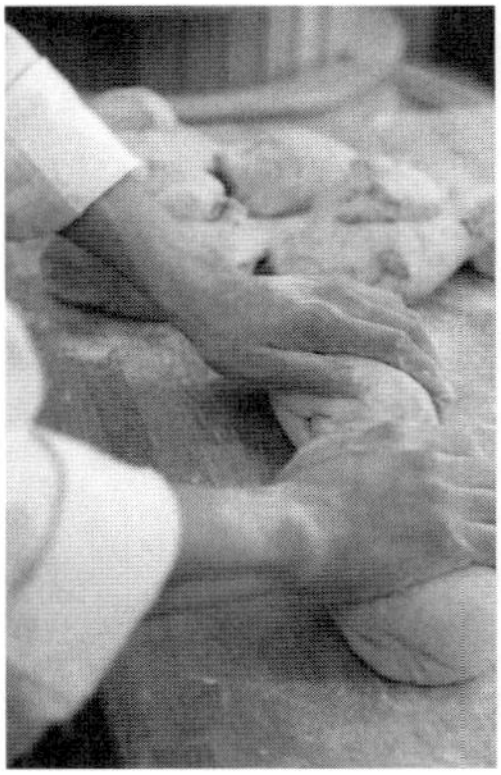
6. 丸め・成形

この生地にはスパイラルミキサーを使用する。低速で2分ほど回して材料が混ざったら、高速に上げて2～3分ミキシングし、捏ね上げる。生地全体の吸水は約80％強と、フォルコンブロートよりも少なめなので、なめらかでつやはあるが、やや硬めの生地だ（3）。捏ね上げ温度は25℃。

ホイロ（34℃）で3時間一次発酵をとる（4）。1個700gに分割する（5）。

軽く丸めて生地がゆるむまでベンチタイムをとり、ナマコ形に成形する（6）。キャンバス地に並べ（7）、恒温高湿庫（0℃）で約20時間熟成させる。

❖3日目

翌朝、生地の発酵の状態を確認して、3割ほど大きくなっていれば、窯入れまで室温に置く。それ以上発酵が進んでいるようなら、冷蔵庫に入れておく。逆に発酵が不足しているようであれば、ホイロに入

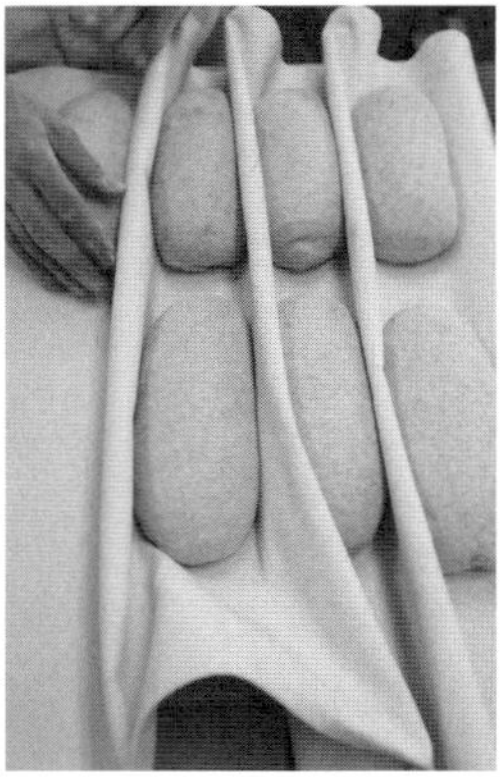
7. 二次発酵

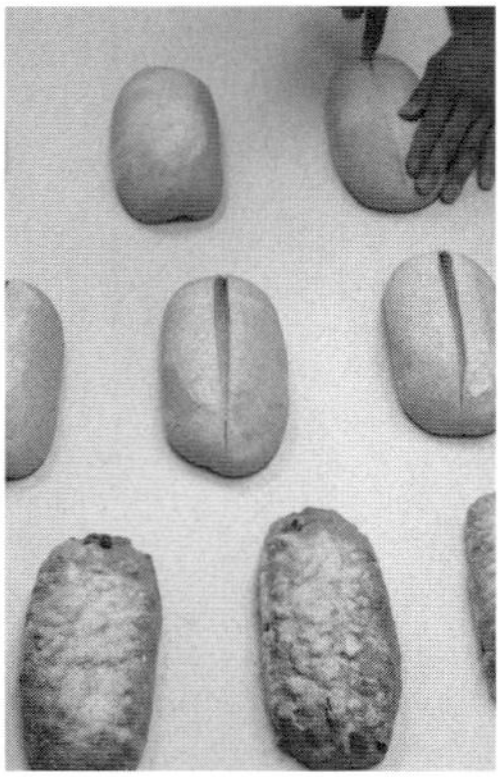
8. クープ入れ

9. 焼き上がり

れて生地の温度を上げて、3割ほど大きくなるまで発酵を促す（冷蔵熟成後にホイロに入れると強い酸味が増す傾向があり、本来はなるべく避けたい。恒温高湿庫に入れる前に生地の温度が25℃以下にならないようにすれば、ほぼ避けられる）。

　生地をキャンバス地からスリップピールに移し、表面に縦1本、クープ（切り込み）を入れる（8）。

　窯の設定温度は上火が235℃、下火210℃、焼成時間は60〜65分。窯入れの際にはスチーム（水蒸気）を入れる。

　クープが割れて大きく開き、しっかりと焼き色がつけば完成（9）。約500gのパンに焼き上がる。

　余熱で焼こうとした経緯から、最初は280℃まで温度を上げ、スイッチを切って窯入れしていたが、このパンはフォルコンブロート以上にクラスト（パンの表皮部分）に味わいがある。それに気づいてからは、温度を低めにして時間をかけて焼いてクラストを厚くし、香ばしさを強調するようにしている。

また、焼き込むことである程度クラム（パンの表皮を除いた柔らかい部分）の水分を飛ばすと、酸味がいくぶんか柔らかく感じられるようになることもわかってきた。

現在も焼成の温度や時間によって、味がどう変化していくか試しているところだ。

なお、ラントブロートに湯種を用いるのは吸水を増やすことよりも、サワー種による酸味をまろやかにしてくれる効果を期待する方が大きい。また、焼き上がりにしっとりとした水分を感じると、時間がたったときにきつい酸味の後味が残る傾向があるため、生地全体の吸水はフォルコンブロートよりも控えめにしている。かといって吸水が少ないと日持ちの悪いパンになるので、このあたりの調整は難しい。

製法での大きな違いが、アーベントタイク（低温長時間発酵）のタイミングだ。最初はフォルコンブロートと同様、一次発酵としてホイロで3～4時間発酵後、恒温高湿庫で一晩冷蔵熟成させていたのだが、一度、生地の成形後に一晩冷蔵熟成させてみたところ、焼き上がったパンがより味わい深くなった。

生地の成形後に長時間の発酵・熟成をとるため、その間に生成された味や香りの成分がすべて生地にとじ込められるのだろう。以降、成形後にアーベントタイクをとっている。

フォルコンブロートでもそうしようと試みたのだが、成形後の冷蔵では、生地がダレてしまい、うまくいかなかった（→Memo）。このアーベントタイクのタイミングの違いは、イーストとサワー種というよりも、粉の質と生地そのものの柔らかさによって向き不向きがあるように思う。実際、クルミとレーズン入りの全粒粉生地はフォルコンブロートと生地は同じでも少し締まって硬めになるせいか、成形後の冷蔵熟成で問題なく、より味に深みが増した。そのため今ではこのパンも、ラントブロートと同じタイミングでアーベントタイクをとっている。

*

また、ラントブロートは実験的なパンだと書いたが、とくに試したかったのが国産小麦だ。店を開いた当初は思うようなオーガニックの小麦が見つからなかったが、少量しか焼かないパンなら、よいものがあれば試せるだろうと考えた。

それでもすぐには見つからなかったので、最初はフォルコンブロートと同じカナダ産小麦の全粒粉100%で焼いていた。初めて焼いたラントブロートは、想像以上に目が詰まっていてずっしりとした重量感が感じられた。それはそれでよかったのだが、僕としてはもう少し軽さを出したかった。

イーストを併用すれば、膨らませて食感を軽くできただろう。

しかし、やはりこのパンはサワー種だけで焼きたい。そこで軽めの食感を目指して、精製した粉を5割ブレンドし、しばらくそれで焼いていた。

国産小麦を試せるようになったのは、ラントブロートを焼き始めて1年くらいたってからだ。

初めて試したのは、兵庫・三田産で無農薬で栽培されたニシノカオリという品種の小麦だ。このころから、以前は気になっていた土臭いふすま臭がいくぶんやわらいできて、徐々に国産小麦に対する印象が変わってきた。その次に試した丹波産のユキチカラは、ほとんどふすま臭がなく、おいしいパンが焼き上がった。

そして、素晴らしい小麦に出会えた。

アグリシステム㈱から仕入れる、北海道産のオーガニックのキタノカオリだ。この小麦は、タンパク質の量も申し分なく、とても製パン性が高い。そして国産とか外国産とかもはや関係なく、焼き上がったパンの風味も本当によい。この小麦に出会ってからは、ラントブロートはずっとこれのみで焼いている（→Memo）。

Memo

国産小麦とフォルコンブロート

ラントブロートに使っている
オーガニックのキタノカオリは、
小麦そのものの風味が素晴らしい。
だから、じつのところ酵母の風味が
特徴的なサワー種のパンよりも、
イーストを使って長時間発酵させる
フォルコンブロートの方が、
粉の味をダイレクトに楽しめると思う。
しかし、今はひと月１トン以上の
北米産小麦を使っているため、
これだけの量を確保するのは難しく、
毎年安定して収穫できるかも不透明だ。
それでもいつか、このキタノカオリで、
フォルコンブロートのようなパンを
焼きたいと思っている。

＊

２０１４年現在、ラントブロートを焼き始めて４年がたった。

今も変わらず１日最高７個を焼いている。フォルコンブロートもラントブロートも生地の成形はほとんど同じナマコ形なのに、焼き上がると見た目も味もまったく違っているのが面白い。

フォルコンブロートは全粒粉100％のパンのわりにはふっくらとしたボリューム感があり、小麦の風味をダイレクトに感じられる。

一方、ラントブロートはやや平べったく、厚いクラストと目の詰まったクラム、まろやかな酸味を兼ね備えた複雑な味わいが特徴だ。平べったいのは、窯入れの前のクープをかなり深く入れているためだ。焼き始めた当初、クープはもっと浅かったのだが、このパンの特徴である香ばしいクラストを増やすためにクープを深くし、ぱっくりと大きく開くようにした。そのおかげで、パンの味わいも表情も豊かになったと思う。

僕はラントブロートによって、「小麦と塩と水さえあればパンが作れる」という素朴な喜びを味わうことができた。国産小麦を試せるようになったのも、このパンのおかげだ。この究極にシンプルなパンへの興味は尽きないのだが、そろそろ違うレシピを試そうかとも思っている。

僕のなかでは、極限までシンプルを求めることと純粋に味を求めることをせめぎ合いながらずっと最低限の材料でパンを焼いてきて、〝シンプルに〟という目的は果たせた。今後はたとえば麦芽を配合したり、異なる粉をブレンドしたりして、サワー種のパンの味わいがどのように変わるのかといったことを試すかもしれない。

いずれにせよ、これからもラントブロートの実験を通じてより深くパンを知りたいと思っている。

仕事を続けるうえで
大切なこと2「自分らしい働き方」

独立してから、僕はずっと一人でパンを焼いてきた。

平日は夜中の3時から、週末は2時過ぎから仕事を始める。朝8時ごろまでは1人きりの作業だ。店が開く9時までに、その日に売るすべてのパンを焼き上げ、並行して翌日分の粉を製粉し、仕込みを行う。そして、昼前の11時ごろには仕事を終える。午後は自由時間だ。読書とランニングに4～5時間はとり、大阪や神戸などに出かける日もあれば、店がある芦屋周辺で過ごす日もある。

また、店は週休2日、夏は2～3週間、冬は10日前後と年間1カ月は休暇をとる。こう書くと、いかにも楽をしていると思われるかもしれない。たしかに労働時間は短いが、パンの焼く量が少ないかといえば、そんなことはない。

僕は1日あたり60kgくらいの粉を使ってパンを焼いている。11月と12月は、クリスマス限定のシュトレンも焼くので70kgを超える。これだけの量を一人でこなすのに身体にかかる負担は相当なものだ。以前、一人でパンを作るには1日小麦粉1袋（25kg）あたりが限度、と聞いたことがある。それが本当ならば、自分で言うのもなんだが、僕はけっこう働いている方ではないだろうか。

1日のうち8時間は少しも気を抜かず、頭と身体をフル回転させて仕事に集中し、終わったらそのぶんゆっくりと過ごす――これが自分にあった仕事のやり方だと思っている。

日本のパン業界では、もうずいぶんと前から労働時間が問題になってきた。「よいものを作るには時間がかかる」という理由のもと、パン職人は長時間働くのが当たり前、そんな風潮がまだ根強く残っている。

もっともパン職人の長時間労働は、今に始まったわけではない。

『6000jahre Brot《6000年のパン》』というドイツの本には、中世のパン屋の労働環境にふれていて「職人を多く雇う余裕のない店のオーナーシェフは、1日に14時間から18時間働くことも珍しくなかった」と書いてあった。他にも1894年に1日21時間働いたあと、心臓発作で亡くなったイギリスのパン職人の例も挙げられていた。日本のパン屋でも、とくに個人の店では、これらの時代からそれほど変わっていないところもいまだにあると聞く。

パンの仕事に憧れて入ってくる若い人たちは多いが、現実の厳しさに直面して辞めてゆく人もまた多い。これはけっして他人事ではない。僕自身、会社員を辞めて背水の陣でのスタートだったので〝パンの仕事を辞める〟という選択肢がなかっただけで、もっと若い時分にこの道に入っていたら違っていたかもしれない。

短い労働時間でも店はできるという事例として、同じ道に進もうとしている人たちに、僕の考え方や仕事の仕方が参考になれば嬉しい。

僕は、パンを作るという仕事がどんなものかも知らずにこの世界に飛び込んだ。いざ働いてみて、その厳しさにビックリしてしまった。

工房内は息つく間もなく忙しい。入ったばかりのころの仕事は、ほとんどが天板拭きや型拭き、洗いものといった雑用で、他にも焼き上がったパンにフォンダン（砂糖の上がけ）やアプリコットジャムを塗ったり、次の作業の準備をしたりといったことを、次々に、しかも素早くこなさなければならなかった。「遅い！」と先輩から毎日のように罵声が飛んだ。

勤務時間は早番のときは朝5時から夕方5時、遅番では朝7時から夜7時が基本だったが、忙しい時期は朝5時から夜7時、日によっては8時まで働いた。

食事は、朝は仕事をしながら、前日の残りのサンドイッチをほおばり、昼は弁当を10分でかきこんだ。この昼の10分間が唯一、座れる時間だ。休みは週1回で、まとまった休暇といえば盆と正月の２連休くらいだった。

このような環境は個人店ではけっして珍しいことではない。それでも僕は恵まれている方だったと思う。先輩たちにとっては単なる雑用係でも、オーナーは僕を育てようとしてくれていたからだ。ときには仕事が終わってから居酒屋に連れて行ってくれ、修業時代の話や製パンの技術のことなど、いろいろと教わった。

ドイツへ渡ると、今度は別の意味で驚いた。

仕事は通常、夜中の２時半から始まり、朝の10時過ぎにはもう終わったからだ。しかも朝食はキッチンで、マイスターや他の職人たちとテーブルを囲んで、たくさんの種類のパン、ハム、チーズをコーヒーと一緒にゆっくりとることができた。

ドイツでは１日の労働時間は７時間半と決まっていた。有給休暇は年に約１カ月あり、書類上の契約だけでなく、本当に休みがとれた。有休を消化しないと経営者が罰せられるので、年度末が近づくと、シェフから「早く休みをとれ」と催促された。

最初のころは、労働時間が半分になったことを喜んだ。自由な時間を持てることは素晴らしかった。身体の疲れが癒《い》える充分な時間があると、精神的にもゆとりが持てるようになる。休みがちだったランニングも復活し、あいた時間は勉強に費やした。

それにしても、なぜ、日本とドイツではこうも働き方が違うのか？

ドイツでは、たしかに短時間に集中して密度の高い仕事をしていた。役割分担がはっきりしていたし、無駄な仕事はないように見えた。

しかし、それだけではいくらなんでも労働時間は半分にはならない。材料の計量から窯入れまでの作業がほとんど機械化されていたこと、さらにミックス粉やイーストフードを大量に使い、生地の発酵を短縮、もしくは完全に省いていたことも大きい。

また、一度に仕込む生地の量もまったく違っていた。日本では粉20kg分の食パン生地を仕込むときには、2回に分けて小まめにミキサーを回していた。ドイツでは粉70kg分のライ麦パンを仕込むときも、一度のミキシングで済ませた。

手作業で大型パンの丸めと成形を行う場合も合理的だった。日本では大きな生地は両手で扱うものだが、ドイツでは押し丸め（→59ページ）といって、一つずつ生地を持って、二つ同時に行える。パンによっては、成形も同じようにやっていた。

パンの大きさも違った。

日本は食パン以外は小さなパンがほとんどだが、ドイツでは大きなものが多かった。同じ10kgの生地でも、1kgのパンを10個作るのと、100gのパンを100個作るのとでは、費やす時間は全然違ってくる。

パンそのものも、日本は生地に何かを練り込んだり、上に乗せたり、仕上げのトッピングに手が込んだものが多いのに比べ、ドイツではあまりそういった作業はない。生地そのものを味わう、いたってシンプルなパンばかりだった。

思いつくままに挙げたが、このようなことが積もり積もって労働時間の差となっていたのだろう。

ところが発酵時間をとらない機械化されたドイツのパン作りの実態を把握するにつれて、僕は複雑な気持ちになっていた。

たしかに労働時間は短いが、その一方で〝パンの品質〟が犠牲になっている。

日本の多くの個人店のパン屋では、ドイツのように機械化は進んでいない。材料の計量も、分割も成形も、手作業で行うのが当たり前だ。発酵にかける時間も1時間以上は普通だし、ましてや発酵時間をとらないところなんてないだろう。

ドイツに行ってから、日本のパン屋には伝統的な手仕事が残っていることがわかった。そこに気がついてからは、パンの品質を追求するには、やはり日本のように長時間働かざるを得ないのだろう、と思うようになっていった。

ところが、3年ほどたってゲゼレ（職人）のときに読んだスイスのパンの本に「質か時間か」という二者択一の考え方を変えてくれる製法に出会った。本文で述べた「アーベントタイク」、低温長時間発酵だ（→154ページ）。

この製法を知ることによって、品質を追求した伝統的なパン作りを行いながらでも、合理的に仕事ができるのでは、と思い始めた。そしてそれを実践に移すことにした。自分の知る限り、当時のドイツでは他に類を見ない方法だったが、迷いはなかった。

ドイツへ行ってから、僕は日本で感じていた「～すべき」といった慣習や目に見えない束縛から自由になっていた。このことを自覚できたことは大きな収穫だった。そして再び母国で暮らし始めると、今度はそういった慣習やしきたりのようなものを受け入れるのかどうかを意識して選択できるようになった。

この経験は、今の店の在り方や仕事に生かされている。たとえば店に並べるのは全粒粉の地味なパンばかりで種類も少ないこと、惣菜パンやトッピングに凝ったパンはない、それから僕の労働時間が短い、店の休みが多い……など。

今の僕にとって、おいしいパンを作るうえで本質的に必要なのは、質の高い原材料を選び、生地の発酵、熟成に充分に時間をかけ、蓄熱性の高い石窯でパンを焼く、ということだ。ここを徹底的に押さえておけば、他のことは瑣末なことで、できるだけ省いてもいいと思っている。

たとえば、焼き上げたパンにフォンダンやアプリコットジャムを塗るといった手を加えるものは一つもない。サンドイッチもないし、シンプルな形のパンばかりだ。これもパンそのものにシンプルさを求めたがゆえのことだ。

材料を組み合わせていろいろな味を作るより、限られた品質の高い材料だけで時間をかけておいしい生地を作ることを選び、パンの種類も絞り込んだ。

窯のスペース上、同じ生地を二度に分けて焼かなければならない場合は、生地を二回に分けて仕込むのではなく、一度に仕込んだ生地を二つに分けて調整する。半分は通常どおりに作り、もう半分は、冷蔵庫で少し長めに低温発酵させるという具合に。

また、本文でも述べたようにパンの製法や仕事の工程、丸めや成形などの具体的な技術はもちろん、工房内での設備機器の配置、機械そのもののキャパシティ、分割や成形を行う作業台の高さにいたるまで、極力合理的に働けるように検討を重ねた。

店を開いてからもしばらくは、仕事を終えたあとにその日の実際のタイムスケジュールを細かく書き記して、工程を徹底的に見直し、改善をはかった。

その結果、すべての生地の発酵に20時間以上かけながら、一人で1日に粉を60kg以上使い、小麦を製粉をしながらでもかなり短い時間で仕事ができるようになった。

しばらくは平日であれば9時間半ほどで仕事を終えていたのだが、子供が産まれて、妻がいつでも店を抜けられるよう、販売のスタッフを1人増やしたことによって、さらに短くなった。工房の後片付けを手伝ってもらえるようになったからだ。現在は平日で7時間半~8時間、忙しい週末でも9時間かからずに仕事を終えられるようになった。仕込みのない休みの前日は、5時間半くらいに短縮できている。

ベッカライ・ビオブロートが雑誌などで取り上げられるとき、オーガニックや自家製粉の全粒粉、マイスターといったことがよく挙げられるが、僕自身は、自分のライフスタイルも含めたこの仕事の仕方が、いちばんの特徴ではないかと思っている。

後書き

10年ぶりに僕はドイツを訪れている。

街は一見、変わっていない。でも昔よく行った店がなくなっていたり、ベッカライではなくブーランジュリーと名乗る店ができていたりと、たしかに月日の流れを感じる。

かつて僕が働いた店も多かれ少なかれ変化があった。

最初に働いたドレスデンのヴィプラーは訪ねることはできなかったが、業界誌によるとオーナーは組合の会長職を辞して地元に製パンの博物館を作ったようだ。

ケーニッヒのオーナーは引退していて、当時2番手だったマイスターがシェフになっていた。しかし2年後、彼の定年と同時に店を閉めると言う。とても残念だが、その後はシェフィン（マダム）の故郷オーストリアで暮らすと、満更でもなさそうに話していた。

問題のあったコンスタンツの店も迷った末に訪ねて、オーナーにも会った。長い歳月が流れていたせいか、お互いなんのわだかまりもなく話すことができた。

店はますます繁盛していた。そして彼は今、冷蔵発酵と湯種を取り入れているという。10年以上を経た今、同じことをしているのが不思議であり、嬉しくも思った。

ユルゲンはやはり偉大なマイスターだった。以前のようには工房でパンを作ることはできなくなっていたが、彼の思想は職人たちに受け継がれている。短い時間でも、再び一緒に仕事をして、それを感じた。いつか彼のように人を導くことができたらと思う。

今回彼らと会って、パンを食べて思った。やはり、僕の作るパンは確実に彼らの影響を受けている。

かつてたしかにこの国で暮らし、パンを焼いた。

いくら世の中が便利になっても、たとえ世界のパンのレシピにすぐにアクセスができるようになっても、その国での生活を通してしか得られないことがある。7年間、ドイツでパンを焼くなかで、ビオブロートの幹のようなものが少しずつ形成されたのだと思う。

もうこれでいいという、究極のパンは存在しない。農作物である以上、小麦をはじめ、まったく同じ品質の原材料を使い続けることは不可能だからだ。必然的に製法やレシピの微調整が必要で、結果、パンも少しずつ変化するものだ。

修業時代、僕はパン作りを深いところから学びたいと願い、その秘訣を追い求めていた。

今になって思う。もしパン作りの秘訣があるとすれば、少しでもよいパンを焼こうとするその姿勢のなかにこそ、あるのだと。

この本を作るにあたり、何度も何度も原稿を読み返しては、貴重な助言を与えてくれた編集担当の村山知子さんには、とても感謝している。

物心両面でサポートしてくれた両親にも感謝したい。母はオープンから1年以上に渡って販売の仕事をしてくれ、現在も助っ人としてときどき手伝ってくれている。

義理の両親も同様にサポートしてくれた。しかし義父は、この2月に他界した。昔気質の一本筋の通った人だった。この本ができるのを楽しみしてくれていただけに、生前に届けられなかったことが悔やまれる。

兵庫県立芦屋高等学校の浜中俊行先生はオープン直後に、ここはいずれ行列のできる店になると言ってくださった。その言葉にどれだけ励まされたことか。先生は本の前半部分、職人になるまでの経緯を書くきっかけも与えてくれた方でもある。

スタッフ一人ひとりにも感謝したい。栗本千秋さん、松崎麻衣子さん、平野弥生さん。妻ともよく話すが僕たちは本当にスタッフに恵まれている。皆にとっても、ここで永く働きたいと思ってもらえるような店にしていきたい。

そして、妻にはもっとも感謝している。僕の最大の理解者であり、僕がパン作りに専念できるように店、及び家庭全般を切り盛りしてくれている。彼女なしでは店は今のようにはうまくいかなかっただろう。いつもサポートしてくれてありがとう。

2014年8月　　　　松崎　太

* Walter Freund (1995) *Bäckerei Konditorei 5 Management*,Gildebuchverlag Alfeld

* Walter Wernicke (1959) *Das Fachwissen des Fortschrittlichen Bäckers*,
Hugo Matthaes Verlag Stuttgart

* Walter Wernicke (1949) *Gutes Brot*,Heinrich Killinger Verlagsgesellschaft m.b.H Leipzig

* Walter Wernicke (1938) *Fachkunde für Bäcker*,Verlag der Deutschen Arbeitsfront GmbH,Berlin

* Walter Wernicke (1951) *Fachkunde für Bäcker*,Volk und Wissen Verlag Berlin/Leipzig

* Werner Christian Simonis (1979) *Korn und brot*, Verlag Freies Geistleben Stuttgart

* Hermann Kleinemeier“Fachthema Backöfen für besondere Produkte,”
Artisan (2012) Sommer,pp.28-31.

* Mit Frank Zehle sprach Hermann Kleinemeier“FachthemaTeigherstellung,”
Artisan (2012) Winteri,pp.32-35.

* Mit Thomas Lepold sprach Hermann Kleinemeier "Viel Geschmack mit milder Note,”
Artisan (2013) Frühjahr,pp.16-19.

* Prof.Dr.Walter Freund“Fachthema Sauerteig,”*Artisan* (2013) Frühjahr,pp.20-23.

* “Fachthema Backen ohne Zusatzstoffe,”*Artisan* (2012) Frühling,pp.22-29.

* “Fachthema Ringroh-und Steinbackofen,”*DBZ weckruf wochenausgabe* (2012) 16.März,pp.16-19.

* “So Werden Sie Zum Sauerteig Champion,”*DBZ weckruf magazin* (2003) Ausgabe9.März,
pp.40-47.

* “So Werden Sie Zum Vollkorn Brot Champion,”*DBZ weckruf magazin* (2003)Ausgabe17.Mai,
pp.32-39.

* 阿久津正藏(1943)『パン科學』生活社

*オットー・ドゥース(清水弘熙翻訳)(1992)『ドイツのパン技術詳論』パンニュース社

*ステイーヴン・カプラン(吉田春美翻訳)(2004)『パンの歴史』河出書房新社

*竹谷光司(1999)『新しい製パン基礎知識』パンニュース社

*望月継治(1977)『パン屋のおやじは考える』神田精養軒

参考文献

* Ada Pokorny (1996) *Backen von Brot und Gebäck*, Arbeitskreis für Ernährungsforschung Bad Liebenzell
* Arbert Stange (1927) *Bäckerei,Konditorei und Müllerei einst und jetzt*, Druck und Verlag:Gebrüder Brocker,Köln
* Backmittelinstitut e.V. (1999) *Handbuch Backmittel und Backgrundstoffe*,B,Behr's Verlag GmbH & Co. Hamburg
* Carl Evers (1908) *Die deutsche Bäckerei der Gegenwart in Theorie und Praxis*,Heinlich Killinger, Nordhausen
* Claus Schünemann/Günter Treu (1993) *Technologie der Backwarenherstellung*, Gildefachverlag Alfeld
* Dialogpartner Agrar-Kultur (1999) *Ökologische Backwaren Herstellen und Verkaufen*, Hugo Matthaes Druckerei und Verlag GmbH&Co,KG, Stuttgart
* Egon Schild (1998) *Rechtliche Vorschriften*,Fachverlag Pfanneberg GmbH&Co.
* Ernst Vogt und Jos.Mattle (1953) *Die Schweizer Bäckerei*,Ott Verlag Thun
* Franz J,Steffen (2003) *Brotland Deutschland Band 3*,Backmedia Verlagsgesellschaft, mbH, Bochum
* Fritz Furte -Thalmann Heinz Knieriemen (1994) *Vollkornbrot und Gebäck*,AT Verlag Aarau
* Guido Bretschneider (1935) *Das Bäckergewerbe*, Verlag von Bernhard Friedrich Leipzig
* Heinrich Eduard Jacob (1985) *Sechstausend Jahre Brot*,Bioverlag Gesundleben ,8959 Hopferau
* Horst Skobranek (1998) *Bäckeri Technologie*,Dr.Felix Büchner · Handwerk und Technik Hamburgs
* Hubert R.H.Jünger (1987) (1993,Band2) *Die Kälte*,Gildefachverlag Alfeld
* Dr.Karl Mohs (1922) *Die Entwicklung des Backofens vom Backstein zum Selbsttätigen Backofen*, Verlag von Werner & Pfleiderer,Stuttgart, Stuttgart-Cannstatt
* Natalie P.Kosmin (ca,1932) *Das Problem der Backfähigkeit*,Verlag von Moritz Schäfer, Leipzig
* Paul Pelshenke (1941) *Die Backhilfsmittel*, Verlag von Paul Parey in Berlin

＊「ベーカーズパーセント」と「ドイツの配合率」の補足

ベーカーズパーセントは、生地全体に使う粉の総重量を100％として各材料の分量を粉の総重量に対する割合で表したもの。湯種やサワー種を使う場合、その種と本捏ねの際に使う粉の合計を100％とするのが基本だ。なお、ドイツの法的な規則によるパンの配合率は生地の総重量が100％。117ページMemo「ドイツパンの名称」、60ページMemo「ブレートヒェン」などの数字は、ドイツの配合率で表示したもの。ドイツのパン屋では、この配合率をもとにベーカーズパーセントに換算することも多い。

＊「フォルコンブロートの製法」の補足

フォルコンブロートの製法（194ページ）の配合は、湯種と本捏ねに使う粉を100％とする「ベーカーズパーセント」で表記している。湯種に使う粉は10％をあてているので「湯種１割」の配合。湯種を粉の倍量（20％）の水（湯）を混ぜて作り、本捏ねで70％強の水を加えるので、全体の生地の吸水量は90％強という計算になる。

＊ ㈱むそう商事　http://www.muso-intl.co.jp/　（オーガニック材料）
＊ 戸倉商事㈱　http://www.tokura-shoji.co.jp/　（製パン製菓機械、原材料）
＊ アグリシステム㈱　http://www.agrisystem.co.jp/　（北海道産小麦）
＊ ㈱風と光　http://www.kazetohikari.jp/　（オーガニック材料）
＊ オストチロル社　http://www.getreidemuehlen.com　（オーストリアの製粉機）
＊ 福島工業㈱　http://www.fukusima.co.jp/　（業務用冷蔵庫）
＊ 新光食品機械販売㈱　http://www.shinkofoods.com　（製パン製菓機械）
＊ ㈱コトブキベーカーズマシン　http://www.kotobuki-baking.co.jp/　（製パン製菓機械）

注）本書では、2014年時点の「ベッカライ・ビオブロート」での実際の製法を紹介していますが、
配合や製法は日々調整されており、数字はあくまでも一例です。
また「アーベントタイク」は、松崎氏が1900年代前半の古書から見つけた言葉で、
本書では「低温長時間発酵」を示しています。

Memo索引

松崎 太

1972年佐賀県生まれ。
1996年よりパン職人になることを目指し、修業を始める。
1997年にドイツへ渡り、2000年パン職人(ゲゼレ)資格、
2001年ヴァインハイム国立製パン学校卒業と同時に製パンマイスター資格を取得。
2004年9月帰国、翌年3月に「ベッカライ・ビオブロート」を開業。

BÄCKEREI BIOBROT
ベッカライ・ビオブロート
兵庫県芦屋市宮塚町14-14 電話 0797-23-8923
営業時間 9:00〜18:30(売り切れ次第閉店)
定休日 火・水曜(夏期と年末年始に長期休業あり)

ベッカライ・ビオブロートのパン

初版印刷 2014年9月1日
初版発行 2014年9月15日

発行人 土肥大介
発行所 株式会社柴田書店
〒113-8477 東京都文京区湯島3-26-9 イヤサカビル
電話 営業部 03-5816-8282(注文・問合せ)
書籍編集部 03-5816-8260
URL http://shibatashoten.co.jp
印刷・製本 図書印刷株式会社

ISBN978-4-388-06194-5
Printed in Japan